10才からはじめるプログラミング

Scratchで
ゲームをつくって
楽しく学ぼう

Scratch3 対応

ロジックラボ for kids
大角茂之　大角美緒

技術評論社

はじめに

「プログラミングでゲームを作ったり、ロボットを動かしたりできるんだよ」こう聞いて、あなたはどう思いますか？

大人は「むずかしそう……」なんて思ってしまいがちですが「自分もやってみたい！」「楽しそう！」と思えたなら、あなたは立派なクリエイターです。
楽しみながら作ればプログラミングの力がぐんぐんついていきますよ。

この本ではゲーム作りに使えるワザをたくさん紹介しています。
ぜひマスターして自分だけのゲームを作ることにチャレンジしてみて下さいね。

2019年2月20日

大角茂之・大角美緒

目次

はじめに 2
サンプルファイルのダウンロード 10

1章 Scratchプログラミングを始めよう

- 1-1 プログラミングってなに？ 12
- 1-2 Scratchをパソコンに入れよう 16

2章 はじめてのプログラムをつくろう

- 2-1 Scratchの画面を知ろう 22
- 2-2 ネコの動きをプログラミングしよう 23
- 2-3 ネコをアニメーションさせよう 32
- 2-4 ネコを自由自在に動き回らせよう 36
- 2-5 プログラムを保存しよう 42

3章
マウスの動きで操作する「鬼ごっこ」

3-1 ゲームに必要なものを用意しよう ……… 46

3-2 主人公と鬼をゲーム画面に配置しよう ……… 47

3-3 マウスについてくるキャラクターを
作ろう ……… 53

3-4 もしも鬼に追いつかれてしまったら
どうする？ ……… 55

3-5 作ったゲームをアレンジしよう ……… 59

3-6 作ったゲームを保存しよう ……… 72

4章
クリックでモンスターをたおす「モンスタークリッカー」

4-1	用意しよう ……………………………………… 74
4-2	モンスターが操作に反応するようにしよう ……… 78
4-3	クリック回数を表示しよう ………………………… 83
4-4	モンスターをクリックでたおそう ……………… 86
4-5	作ったゲームをアレンジしよう ………………… 90

5章
あちこちに出てくるゆうれいをたいじ「キャッチアゴースト」

- 5-1 用意しよう …………… 102
- 5-2 ゲームに時間制限を加えよう …………… 105
- 5-3 予想できない動きをさせよう …………… 107
- 5-4 オバケを半とうめいにしよう …………… 111
- 5-5 ゲームが終わったらテロップを出そう …………… 113
- 5-6 オバケごとに得点を変えてみよう …………… 116
- 5-7 作ったゲームをアレンジしよう …………… 119

6章
タイピング練習もデキる「カーズタイピング」

- 6-1　用意しよう ······ 134
- 6-2　ステージにクルマを走らせよう ······ 137
- 6-3　クルマがタイピングで消えるようにしよう ······ 143
- 6-4　タイトルやスタートの合図を表示しよう ······ 147
- 6-5　スコアと制限時間を表示しよう ······ 152
- 6-6　作ったゲームをアレンジしよう ······ 157

7章
直感力でほり進めよう「お宝ホリダー」

7-1 用意しよう ……………………………………………………………… 166

7-2 ブロックをカスタマイズしてみよう ……………………………… 168

7-3 パネルをランダムにならべよう …………………………………… 174

7-4 ルールや得点を表示して
わかりやすくしよう ………………………………………………… 186

7-5 お宝ゲージでゲットできるお宝を
変えてみよう ………………………………………………………… 193

7-6 作ったゲームをアレンジしよう …………………………………… 199

8章
もっといろんなゲームにチャレンジしよう

8-1 もう1ランク上のScratchテクニック ……… 202

8-2 ゲームテクニック集 ……… 209

8-3 ゲームレシピをダウンロードしよう ……… 233

9章
プログラミングが成功しない時は
こうしよう

9-1 似ているブロックに気をつけよう ……… 238

9-2 ゲームが止まっちゃうのはどうして？ ……… 242

9-3 動かない原因を探してみよう ……… 245

9-4 お手本と比べて確認しよう ……… 251

索引 ……… 254

おわりに ……… 255

●サンプルファイルのダウンロード
本書のサンプルファイル(ゲームのお手本)は以下からダウンロードできます。
本書で紹介するプログラム(ゲーム)の中にはむずかしいものもあるので、参考にしながらつくってください。

https://gihyo.jp/book/2019/978-4-7741-9816-3

●プロジェクトのページ
書籍中で紹介しているプロジェクトは下記から参照できます。

https://scratch.mit.edu/studios/6003588/projects/

●ご購入ご利用の前に必ずお読みください。

本書は2019年2月現在の情報をもとにしています。本書の発行後、Scratchのアップデート等によって実際の操作画面と書籍の内容で異なる場合があります。
本書に記載されている内容に基づく利用について、著者および技術評論社は一切の責任を負いかねます。あらかじめご了承ください。

●商標に関する注意

The Scratch name, Scratch logo, Scratch Day logo, Scratch Cat, and Gobo are Trademarks owned by the Scratch Team.

LEGO is the trademark of the LEGO Group. @ 2019 The LEGO Group.

その他、本書に記載されている会社名、製品名は一般に各社の登録商標または商標です。本書中ではTM、©、®などは表示していません。

Scratchプログラミングを始めよう

Scratchはブロックをつなげて
プログラム（ゲームや機械への指示）ができる
プログラミング言語です。
Scratchがどんなものか、
どうやって使うのかを紹介します。

プログラミングってなに？

プログラミングってどんなことができるようになるか知っているかな？　まずはプログラミングの世界をのぞいてみよう。

1 すべてがプログラムで動いている

みんなが大好きなテレビゲームやスマートフォン、パソコン、ロボット、お家のテレビや洗濯機、冷蔵庫など身の周りにある電気(電化)製品のほとんどすべては「プログラム」で動き方が決まっています。
車や電車、ロケットのような乗り物も、プログラムで制御されて動いています。

プログラムとはコンピューターを動かす命令書のようなものです。プログラミングとはこのプログラムをつくることです。プログラミングができるとコンピューターを自由にあやつることができます。

コンピューターにはわからない

プログラミング言語はコンピューターにもわかる

■コンピューターとは話せない？

コンピューターに命令すると言っても、コンピューターは普段私たちが使っている言葉で話しかけても命令を理解できません。

> **コラム　機械語**
>
> コンピューターには機械語をつかって命令しなければいけませんが、機械語というのは0と1だけのデータのあつまりなので、私たちには使えません。

■コンピューターと話そう

コンピューターに命令するための特別な言葉プログラミング言語が必要になります。プログラミング言語とはプログラミングのための

言葉です。私たち（人間）にもコンピューターにもわかりやすいように、いくつか決まりごとがあります。日本語とは書き方が違うのではじめは難しく見えるかもしれません。

2 楽しく使えるプログラミング言語「Scratch」

プログラミング言語は世の中にたくさんの種類があります。この本では楽しく使えて、初めての人でもわかりやすい Scratch というプログラミング言語を利用します。小学生からでもゲームや音楽を作ったり、動く絵本のような動画を作ったり、便利なアプリを作ったりすることができます。ブロックを組み合わせてプログラムできるかんたんで楽しいプログラミング言語です。

一般的なプログラミング言語

Scratch（スクラッチ）

おうちの人と読んでね

一般的なプログラミング言語では、命令をキーボードでタイピングしなければなりませんが、タイプミスをしてエラーが出るなど、子どもには取り扱いづらいものでした。Scratch は命令のかたまりをブロックのように組み合わせてプログラミングすることができるプログラミング言語です。ほとんどの操作をマウスで行うため、特別な知識がなくても直感的にあつかえて、本物のブロックのように組み合わせでいろいろなものがつくれます。

ポイント　プログラミング言語

プログラミング言語は Scratch 以外にもたくさんあります。たとえば、ゲーム開発で使われる C++ や Web サイトを表示するために使われる PHP、Ruby などです。
多くのプログラミング言語は Scratch のようなブロックの組み合わせではなく、命令を特殊な言葉で書いていくものです。このようなプログラミング言語は広く使われていますが、覚えることが多く、学習に時間がかかってしまうこともあります。
Scratch は見た目で簡単に操作がわかる使いやすい言語です。その特徴からヴィジュアルプログラミング言語と呼ばれることもあります。

Scratchには、ワクワクする仕組みがたくさん備わっています。

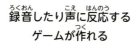

■録音したり声に反応するゲームが作れる
パソコンにマイクをつなげると自分の声に反応するゲームをつくることができます。自分の声を録音して、その声をゲームの効果音として使うこともできます。

■カメラの動きに反応するゲームが作れる
また、パソコンにカメラをつなげると、カメラに映った動きにあわせて、ゲームの中のキャラクターが反応したり、動いたりするプログラムが作れます。
カメラの画像をScratchに取り込んで、写真をゲームの素材として使うこともできます。

お絵描き機能もついています。自分のオリジナルのキャラクターをゲームに登場させたり、ゲームのステージを自分で作ったりできます。絵が苦手な人のために、ゲームに使うための素材（すぐに使える絵などのデータ）もたくさん用意されているので、すぐにカッコいいゲームを作ることができます。

自分のアイデアをすぐに試すことができるのが、Scratchの一番の特ちょうです。すべて日本語のブロックでプログラムできるので、「書かれている通りにプログラムが動く」ことが実感できます。さらにキャラクターの追加やアニメーションが簡単にできるので、思い通りの世界をScratch上に作ることができます。

Creative Commons Attribution-Share Alike 2.0 で掲載
https://commons.wikimedia.org/wiki/File:Raspberry_Pi_3_B%2B_(39906369025).png
https://creativecommons.org/licenses/by-sa/2.0/deed.en

■プログラムで機械を操作
Scratchは、ハードウェア（機械）と組み合わせることで、パソコンの中だけでなく、わたしたちの身の回りのものを動かすこともできます。

たとえばラズベリーパイという名刺サイズのコンピューターにScratchをインストールして、センサやモータをつなげれば、自分のオリジナルロボットを作ることもできます。

ラズベリーパイに「Minecraft Pi（無料）」をインストールすれば、Scratch からマインクラフトの世界を操ることもできるのです。

■ パソコンの外とつなげる

パソコンに無線通信するための「Bluetooth」がついていれば、もっと色んなあそびかたができます。たとえば、Bluetooth 接続できるゲームのコントローラーをつなげて Scratch で作成したゲームがプレイできます。他にも Scratch から Bluetooth で接続したモーターを動かすような使い方も考えられます。

ソフトバンクロボティクスの
人型ロボット「Pepper」

■ ロボットも動く！？

ロボットに興味がある人は「レゴ WeDo2.0」で作ったオリジナルのロボットを Scratch で動かす、あるいは、Pepper を Scratch で動かすことにちょうせんしてみてもいいかもしれません。これらを動かすためのプログラムは無料で公開されていて、自由に使うことができます。

ものづくりを学べる
「レゴ WeDo2.0」

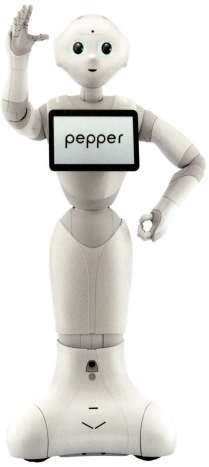

© SoftBank Robotics Corp.

この本では、プログラミング言語 Scratch の使い方をさまざまなゲームの作り方を通して紹介します。「プログラミング」と「ゲーム作り」を一緒に学べます。はじめは難しそうに感じるプログラムも、少しずつ順番に読み解いていけば、理かいすることができるでしょう。作りたいゲームを探して、その章からはじめてみても良いです。何をしていいかわからないというひとは初めから順番に、プログラミングの基本を覚えていきましょう。

🏰 おうちの人と読んでね

本書では Raspberry PI との接続、Bluetooth 利用、レゴ WeDo 2.0 や Pepper の使い方の詳細については解説していません。これらに興味がある場合はご近所のプログラミングスクールなどの利用もご検討ください。

Scratchをパソコンに入れよう

たのしくプログラミングできるソフト、Scratchをパソコンに入れて使ってみよう。

まずは、Scratchをパソコンに入れましょう。ソフトをパソコンに入れることをインストールといいます。

1 ダウンロードページを開こう

Web上のファイルをインストールする前にはパソコンにそのファイルを持ってくる必要があります。これをダウンロードと呼びます。

1 Webブラウザ（EdgeやGoogle Chrome、Webページをひらくためのソフト）のアドレスバーに

scratch.mit.edu

と入力してEnterキーを押してアクセスしてみましょう。

> 🏷️ **サイトが開けない時は？**
> サイトが開けない時は、入力を間違えていることが多いです。全角・半角など細かいところを間違えないように注意しましょう。

ヒント
Windows 7やWindows 8の場合、オフラインエディタをインストールできないことがあります。インストールできないときはオンラインエディタを使いましょう。スクラッチのサイトの一番上にある「作る」ボタンをクリックするとオンラインエディタを使うことができます。Internet Explorerでは使えないのでEdgeやChromeで使いましょう。

16

2 ページを下へスクロールします。左下の「オフラインエディター」のリンクをクリックします。

インターネットを開くアプリケーションを探そう

インターネットを開くアプリケーションがすぐに見つからないときはWindows 10の場合は スタートボタンをクリックして"Edge"と入力して検索、出てきたものをクリックしよう。
macOSの場合はDock(画面の下の部分)に表示されている"Safari"をクリックしよう。

2 Scratchをダウンロード・インストールしよう

1 Scratchデスクトップエディター (オフラインエディター) のダウンロードのページが開きます。

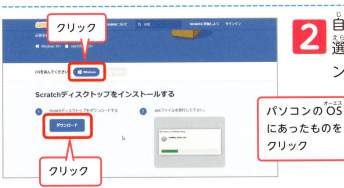

2 自分のつかっているパソコンのOSを選んで、「ダウンロード」というボタンをクリックしましょう。

🏰 おうちの人と読んでね

Scracth オフラインエディターを macOS にインストールするときは、ダウンロードしたファイル（Scratch-XXX.dmg）をダブルクリックします。インストール画面が開きます。その後画面の指示に従いインストールします。後の動作は Windows 版と同様です。インストール後の Scratch は Dock や Finder のアプリケーションから起動できます。

3 ダウンロードがおわったら、画面の下に「Scratch Deskto...（Scratch Desktop Setup）」というメニューがあらわれます。これをクリックしましょう。

> ✏️ ここでは Google Chrome の場合の画面です。Edge の場合はダウンロードしたら表示されるメニューで「実行」をクリックします。

4 Scratch をインストールする画面が開きます。

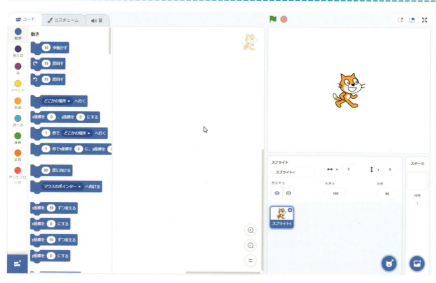

5 スクラッチ 3.0 の始まりの画面が表示されたら、インストールは終わりです。

> ✏️ はじめて使うときははチュートリアルが表示されることがあります。必要なければ「閉じる」をクリックして閉じましょう。

6 インストールが終わると、デスクトップにScratch（Sマーク）のショートカットが追加されます。このアイコンをダブルクリックすると、Scratchが起動します。

ヒント　初回起動時の案内

初回起動時に利用傾向の調査協力画面が表示されることがあります。よくわからない場合は「No, Thanks」をクリックします。

ヒント　画面が日本語で表示されない

画面が英語やその他の言葉で表示されてしまったときは画面左上の地球儀マークをクリックし、表示される言語一覧から「日本語」をクリックします。「にほんご」を選ぶとひらがなとカタカナで読みやすい日本語で表示されます。

🏰 おうちの人と読んでね

ソフトウェアのインストールは、パソコンの操作に慣れていないと難しい部分もあります。もしもインストールがなかなかうまくいかないようなら、手伝ってあげてください。ここまででプログラミングの準備はできました。2章からは実際にプログラミングを行っていきます。プログラムがうまくいかないときは9章を、プログラムを中断する場合は2-5を読んで参考にしてください。

オンライン版 Scratch

オンライン版 Scratch はパソコンにインストールしなくてもつかうことができます。インターネットができるパソコンがあれば、どこでもつかうことができ、ユーザ登録をしておけばパソコンに保存しておかなくてもオンライン上に Scratch のデータを保存しておくことができます。scratch.mit.edu を Web ブラウザーで開いて「作る」をクリックすると使えます。

オンライン版でできること	ユーザ登録あり	ユーザ登録なし
プログラミング	○	○
作品をパソコンに保存	○	○
作品をパソコンから開く	○	○
作品をオンラインでみんなに見てもらう	○	×
作品をオンライン上に保存する	○	×
オンライン上のだれかの作品を見る	○	○
オンライン上のだれかの作品をリミックスする	○	△
コミュニケーション機能 (お気に入りやコメント・コミュニティへの書きこみなど)	○	×

ユーザ登録をする一番のメリットは、世界中のユーザに自分の作品を公開することができるという点です。

公開した作品は、何人が見てくれたかがわかり、コメントがもらえることもあり、作品作りがもっと楽しくなるでしょう。

コミュニティとよばれる掲示板に発言や質問することができたり、他人の作品にコメントをすることができるようになるので、インターネットのマナーをきちんと知って、トラブルにならないように気を付けることが大切です。
ユーザ登録をするときには、おうちの人とよく相談して決めるようにしましょう。

2章

はじめてのプログラムを作ろう

Scratchをインストールしました。
まずはさわって、動かして
どんなものか体験していきましょう。

2-1 Scratchの画面を知ろう

Scratchを使うために、なにがどこにあるのか、なんという名前なのかを見てみよう。

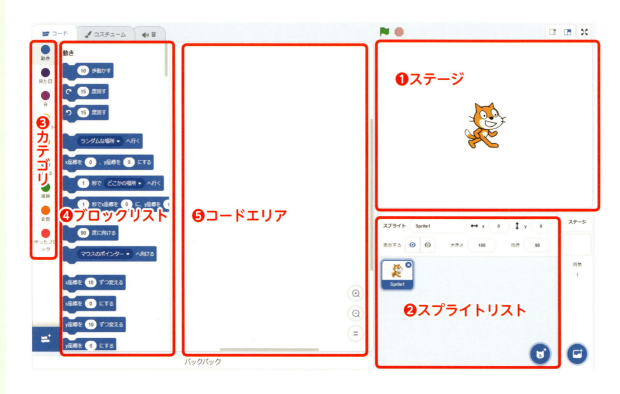

Scratchの画面はおおまかに5つのエリアにわかれています。

❶ステージ	キャラクターや背景が表示されるエリアです。
❷スプライトリスト	ステージに登場するキャラクターの一覧です。ここにあるキャラクターのことを「スプライト」とよびます。
❸カテゴリ	プログラムにつかうブロックの種類をえらぶエリアです。
❹ブロックリスト	プログラムにつかうブロックがたくさんならんでいます。
❺コードエリア	この部分にプログラムをかきます。ここにかかれたプログラムのことを「コード」とよびます。ステージの上にある ▭ をクリックするとコードエリアを広く、▭ をクリックするとコードエリアをせまくレイアウトを変えます。

2-2 ネコの動きをプログラミングしよう

Scratchに登場するネコを、プログラムで動かしてみよう。

■どちらに動くか命令できる

ゲームを作るときにかかせないのが、キャラクターを動かすことです。色々な動かし方をためしながら、自分の思い通りにキャラクターを動かせるようになりましょう。

ステージでつかうキャラクターのことをScratchではスプライトとよびます。

キャラクターはブロックの命令にしたがって動きます。

■これから使うカテゴリとブロックリストの役わり

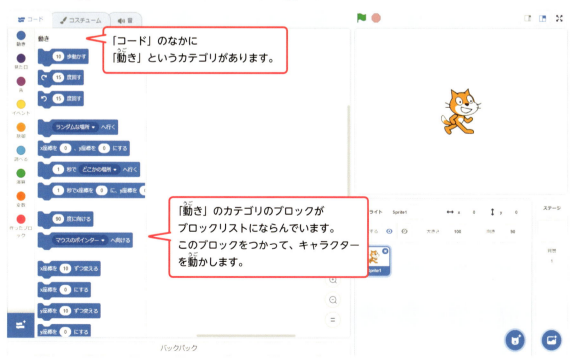

「コード」のなかに「動き」というカテゴリがあります。

「動き」のカテゴリのブロックがブロックリストにならんでいます。このブロックをつかって、キャラクターを動かします。

1 Scratchを起動する

Scratchを起動します。1章の段階で起動した人は次の操作に進みましょう。

1 デスクトップのScratch Desktopをダブルクリックします。Scratchが起動します。2-1と同じ画面が表示されます。

🔖 デスクトップにScratchのアイコンがない場合はスタートメニューのアプリの一覧（Windows 10、Windows 8）や、すべてのプログラム（Windows 7）から起動します。

🔖 macOSの場合はDockやFinderのアプリケーションから起動します。

2 ネコを動かそう

Scratchが起動しました。それでは、ネコを動かしてみましょう。

1 カテゴリーのなかから「動き」のカテゴリーをクリックしてえらびます。
ブロックリストのなかに、「動き」に関連したブロックがたくさん並んでいます。

2 ブロックリストのなかにある `10 歩動かす` というブロックを、クリックします。ブロックをクリックしたまま、マウスのボタンをはなさずに、コードエリアに移動させます❶。移動させたあと、マウスのボタンをはなします。ブロックをコードエリアにおくことができます❷。

🔖 ドラッグアンドドロップ：マウスのボタンをクリックしたまま移動して、移動先で指を離すことをドラッグ（ドラッグアンドドロップ）と言います。

3 コードエリアにおかれたブロックをクリックします❶。
ブロックを押すたびに、ネコが10歩右側に動きますね❷。

> **ポイント**
> このようにScratchのブロックは、ブロックに書かれたとおりにキャラクターが動きます。

ヒント

ネコが画面の外にはみ出てしまった時は

操作を繰り返してネコが画面の外に出てしまったときはネコをマウスでドラッグすれば、ステージの中央にもどせます。

ネコをうまくクリックでつかめないときは、動きカテゴリのなかにある、のブロックをクリックしてみましょう。ネコがどこかに行きます。ネコがつかめる位置にあらわれたら、ドラッグします。

ヒント

ブロックがみつからないときは？

ブロックがどのカテゴリーにあるのかわからないときは、ブロックの色を見てみましょう。
ブロックの色は、カテゴリーと同じ色です。青色だったら「動き」カテゴリー、黄色だったら（イベント）カテゴリー……というように、色で見分けることができます。

3 ネコを回転させよう

ほかのブロックもためしてみましょう。 10 歩動かす のブロックの下に 15 度回す というブロックがあります。コードエリアへドラッグして置いてみましょう。

1 10 歩動かす のブロックと同じように 15 度回す のブロックを、コードエリアへドラッグします。

2 コードエリアにおかれた 15 度回す ブロックをクリックします❶。ブロックが押されるたびに、ネコが右回転します❷。

> 左向きに回転させたい時は、 15 度回す というブロックを使います。

ネコを元の向きに戻したい時は

15 度回す のブロックの下に 90 度に向ける のブロックがあります。このブロックをクリックすると、ネコが右を向いた状態にもどります。

4 いろいろな動き方を組み合わせよう

今まではブロックをひとつずつクリックして操作していましたが、ブロック同士は組み合わせると、一度のクリックでいくつもの動きをさせられます。

1 コードエリアにおかれた「15度回す」ブロックをドラッグして、「10歩動かす」ブロックに近づけます。ふたつのブロックの間に、かげが現れます。ここでマウスをはなします。

2 マウスのボタンをはなすと、ブロックどうしがつながります。

3 つながったブロックをクリックします❶。クリックするたびにネコが進みながら回転します❷。

ヒント　つながっているブロックをはずしたい時は

つながったブロックの下のブロックをマウスでドラッグすると、外せます。

5 動きを繰り返そう

10 歩動かす と 15 度回す のブロックを組み合わせたものを、何度もクリックするとネコは円の動きをしながら元の位置に戻っていきます。
何度もクリックするのは大変です。
そこで、何度もクリックする部分をプログラムにやってもらいましょう。

24回クリックすると、ネコはもとの位置に戻る

1 カテゴリーのなかから「制御」をクリックします❶。
すると、ブロックリストの中が黄色のブロックにかわります❷。

クリック❶
黄色のブロック❷

🖊 制御はプログラミングの動作の流れをコントロールするものです。

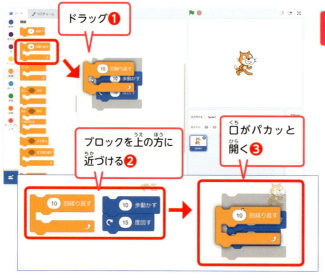

2 ブロックリストのなかから「10回繰り返す」ブロックをドラッグします❶。
コードエリアにでている 10 歩動かす と 15 度回す のブロックをかこむように上の方にもっていきます❷。
「10回繰り返す」のブロックがパカッと開きます❸。
この状態でマウスをはなすと、ブロックをかこんで組み合わせることができます❹。

ドラッグ❶
ブロックを上の方に近づける❷
口がパカッと開く❸
マウスをはなすとくっつく❹

つぎに、繰り返しの回数も変えてみましょう。

3 「10回繰り返す」のブロックの(10)の部分をクリックします。すると、(10)の部分がうすい青色にかわります。

4 キーボードの数字キーをつかって「24」と入力してみましょう。

ヒント 数字を入力するには

キーボードの右がわのテンキー（電卓のようなキーボード）を押します。テンキーがないキーボードの上がわにある数字キーからも入力できます。

● Windows の例

ヒント 数字を入力してもきえてしまう！

○半角　×全角

「○回繰り返す」のブロックのなかには「半角」の数字しか入力できません。うまくいかないときはキーボードの左上にある半角/全角キー（macOSでは英数キー）を押して半角にしてから、数字を入れてみましょう。

5 数字を変えたら、ブロックをクリックします❶。
ネコが円の動きをしながら、もとの場所にもどってきます❷。

円の動きをしながら戻ってくる❷
クリック❶

6 動きを細かく調整しよう

こんどは、`10 歩動かす`のブロックの数字もかえてみましょう。

1 `20 歩動かす`にしてみると、ネコの円の動きは大きくなります❶。

「20」と入力❶

> 反対に「5歩動かす」にしてみると、ネコの円の動きは小さくなります。

ネコをゆっくり動かしたい時は、繰り返しの回数をふやしてみましょう。

「100」と入力❶
「3.6」と入力❷
ゆっくり回転する❸

2 繰り返しの回数を100❶、回す角度を3.6度にしてみます❷。クリックしてみると、ネコがゆっくりと円の動きをします❸。

ポイント 小数点のほかに、マイナスの数字をいれることもできます。どんな動きになるか予想して、ためしてみましょう。

7 いらない動作をとりのぞこう

ブロックがいらなくなったときは、コードエリアから消してしまいましょう。

1 消したいブロックをドラッグで持ち上げてブロックリストへドラッグしてマウスをはなします❶。ドラッグしたブロックはすべて消えてしまいます。

右クリックメニューでも消すことができます。

2 消したいブロックを「右クリック」します❶。
メニューのなかの「○個のブロックを削除」をクリックすることでブロックが消えます❷。

> 「繰り返す」などの制御ブロックを右クリックで削除すると、囲まれているブロックもすべて消えてしまいます。

消したブロックを元に戻すには

ブロックをまちがって消してしまった時は、キーボードの「Ctrl キー」と「Z キー」を一緒に押しましょう。すると消してしまったブロックを元に戻すことができます。この Ctrl+Z は、変更したコードを1つ前の状態に戻すことができ、何度も使うことができます。macOS の場合は command + Z キーを押します。

2-3 ネコをアニメーションさせよう

パラパラマンガのようにネコの絵を変化させて走っているアニメーションをつくろう

ネコを などのブロックでいどうさせるとき、ネコに動きがないと、ステージをすべっているように見えます。ネコが走っているように見せたいですよね。ネコが走って見えるように、プログラムでアニメーションさせてみましょう。

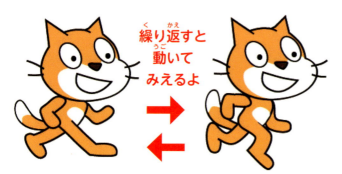

アニメーションは、いくつかの絵をすばやく切りかえることで動いているようにみえる、パラパラマンガとおなじ仕組みで作ります。

1 見た目を変更できる「コスチューム」

ネコのスプライト（キャラクター）には、あらかじめ2つの絵が用意されています。キャラクターが持っている絵は「コスチューム」のタブから確認することができます。

コードのタブの横にある「コスチューム」タブをクリックしてみましょう。

ポイント

コスチューム
キャラクターがもっている絵のことをコスチュームとよびます。

📝 コードの操作に戻りたいときは「コード」タブをクリックします。

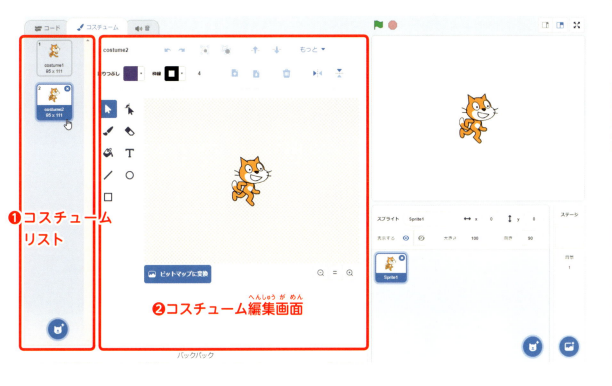

コスチュームのタブをひらくと、このような画面になります。

❶コスチュームリスト	キャラクターがもっているコスチュームの一覧です。
❷コスチューム編集画面	コスチュームの名前を変えたり、好きな絵をかいたりして、コスチュームを変更できる画面です。

コスチュームリストのなかに「コスチューム1」と「コスチューム2」とかかれたネコの絵がならんでいます。「コスチューム2」とかかれたネコをクリックします❶。
ステージのネコの絵が、走っているようなポーズにかわります❷。

2 コスチュームを変えて動きを見せよう

コスチュームを変えるとキャラクターの見た目が変わることがわかりました。ブロックを使って、コスチュームを変えてみましょう。

1 「コード」のタブをクリックして、コスチューム画面から、コード画面に戻ります。

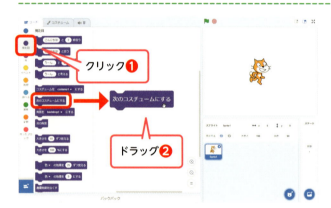

2 つぎに「見た目」カテゴリをクリックしてブロックリストを「見た目ブロック」にします❶。
ブロックリストのなかから 次のコスチュームにする のブロックをドラッグして、コードエリアにおきましょう❷。

すばやくなんどもクリックするとアニメみたいに動く

3 コードエリアにおいたブロックをクリックしてみましょう。すると、クリックするたびにステージのネコのコスチュームがかわるようになります。

ヒント

次のコスチュームにする のブロックは、コスチュームリストの順番どおりにコスチュームを切りかえてくれます。ネコのコスチュームは2つなので、1.2.1.2とくり返し切りかわります。
コスチュームが3つある場合は1.2.3.1.2.3の順番でコスチュームが替わっていきます。

3 ずっとアニメーションさせるには？

なんどもクリックしなくてもアニメーションするように、プログラムしてみましょう。

1 「制御」カテゴリーをクリックして、ブロックリストを「制御ブロック」にします❶。
ブロックリストのなかから、「ずっと」のブロックをドラッグして「次のコスチュームにする」ブロックを囲みます❷。

2 組み合わせたブロックを、クリックします❶。
ネコが走りはじめます❷。
このままにしておくと止まらずに走りつづけてしまいます。

ポイント プログラムをとめるには

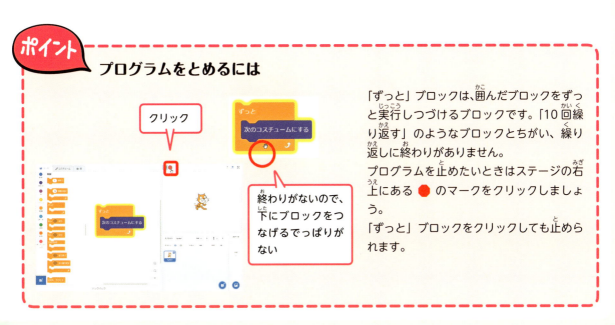

「ずっと」ブロックは、囲んだブロックをずっと実行しつづけるブロックです。「10回繰り返す」のようなブロックとちがい、繰り返しに終わりがありません。
プログラムを止めたいときはステージの右上にある ● のマークをクリックしましょう。
「ずっと」ブロックをクリックしても止められます。

ネコを自由自在に動き回らせよう

ブロックの組み合わせで、自分の好きな動きをプログラムすることができるよ。

「10歩動かす」「回転させる」「アニメーションさせる」などのブロックを組み合わせて、自分のオリジナルの動きをするようなネコにアレンジしてみましょう。

1 ネコが画面からはみ出さないようにしたい

ステージのなかを走り回るネコをプログラムしてみましょう。

1 「10歩動かす」ブロックを「ずっと」ブロックでかこむと、クリックでネコはずっと10歩動くようになります。

組み合わせる

2 ブロックをクリックしてプログラムを動かしてみましょう❶。
ネコが走り出して、画面のはしっこで動けずにジタバタしながら止まっています❷。
ネコはステージから出られないようになっているので、「ずっと10歩動かす」だけのプログラムだと、ステージのはしで動けなくなってしまうのです

はしまで行ってそのまま動けなくなる❷

クリック❶

ネコをステージからはみ出さないようにするには、`もし端に着いたら、跳ね返る` のブロックをつかいます。

このブロックは、キャラクターが画面のはし（端）についたら、反対向きに方向転換してくれるブロックです。

3 このブロックを、コードエリアに置いてあるブロックに組み合わせてみましょう。

`もし端に着いたら、跳ね返る` のブロックは、「動きブロック」のブロックリストの下の方にあります。

 ブロックがみつからないときは

ブロックリストのなかのブロックは、Scratchの画面が小さいときは、一部分だけしか表示されていないことがあります。

ブロックリストにマウスを移動させ、下にスクロールすると残りが見えます。

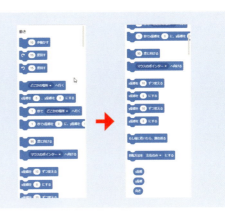

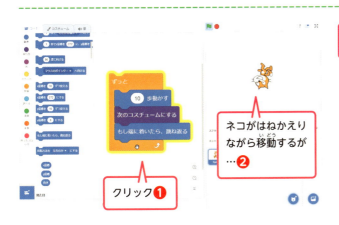

4 ブロックを組み合わせたら、ブロックをクリックして実行してみましょう❶。
端に着いたネコが跳ね返り、反対方向に走り出しました。
ネコの上下までひっくり返ってしまいました❷。

2 向きを変える方法

反対方向を向くときに、上下はそのままで、左右のみ回転するようにしてみましょう。

1 スプライトリストの上にあるのが、キャラクターの情報です。「向き」をクリックしてみましょう。

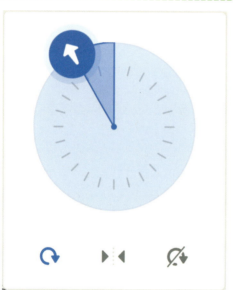

2 キャラクターの向いている方向や、回転の種類が表示されます。3つ並んだアイコンの中から、▶◀マークをクリックします。

> 回転の種類は、「動きブロック」の `回転方法を 左右のみ にする` のブロックでも変えることができるよ。

3 ひっくり返っていたネコが元に戻ります。

回転の種類を⇔にするとひっくり返らなくなる

3 回転の種類

キャラクターの回転の種類は3つあります。

回転の方法：自由に回転
向き：左向き（－90度）のとき

ネコは向きと同じ方向へ回転します。ここまで試してきた例では、右側に当たってはねかえる（ネコが左に向かう）ときは左に180度回転、左側に当たってはねかえる（ネコが右に向かう）ときは右に180度回転しています。

回転の方法：左右のみ
向き：左向きのとき

ネコは上下には回転せず、右か左かだけを向きます。
左右のどちらを向くかはキャラクターの情報に表示される「向き」によって変わります。

回転の方法：回転しない
向き：左向きのとき

ネコは右を向いたまま、どの角度に回転させても絵は変化しなくなります。

ネコが向いている方向と、ネコが進む方向は、「回転の種類」によって変わります。
向いている方向がヘンだと思ったら、回転の種類を変えるようにしましょう。

クリックで変える

ドラッグ

1 キャラクターの情報画面で向きも変えることができます。
向きの丸い部分をマウスでドラッグすると、自由な角度に向きをかえられます。ドラッグして方向を変えてみましょう。
向きは真上を0度とした角度です。

2 向きを好きな方向に変えたら、コードエリアのブロックをクリックして実行します❶。
「向き」で設定した方向にネコが走り出します❷。かべに当たってはね返ります。

3 ネコを走らせたまま、キャラクター情報の「向き」の部分をマウスでドラッグして、グルグルといろんな方向に動かしてみましょう。
ネコは、ぐにゃぐにゃと色々な方向に走り出します。コードが動いているあいだも、「向き」を変えることができます。どの角度で、いろんな角度に動かして試してみましょう。

4 プログラムで角度を設定します。好きな角度に向けるための 90 度に向ける の数字の部分をクリックして数字が青くなったら、好きな角度を入力しましょう❶。
ここでは−45 にしました。
-45 度に向ける のブロックを「ずっと」のブロックの上に組み合わせます❷。

5 角度を入力したら、ブロックをクリックして実行します。
すると、ネコが「4 で設定した方向に走り出します。かべに当たるとはね返ります。

 マイナスを入力したい時は
このキーをつかいます。

キャラクターの情報を見よう

ここで、キャラクターの場所や大きさ、向きがわかるようになっているよ。プログラムを動かしながら、キャラの情報がどう変化するかをチェックしてみよう。

2-5 プログラムを保存しよう

プログラムができたら、プログラムを保存しよう

Scratchで作る作品のことを「プロジェクト」とよびます。ゲームを作っているとちゅうで中断したい時や、ゲームが完成したときなど、自分の好きなタイミングでプロジェクトを保存することができます。プロジェクトを保存しておくと、いつでも保存したところから続きを作ることができます。

Scratchのソフトが動かなくなってしまった時や、パソコンの電源がきれてしまったときなど、保存せずにScratchのソフトが終わってしまったときは、今まで作っていたプロジェクトは消えてしまいます。こまめなセーブ（保存）を心がけましょう。

1 プログラムの保存

1 Scratch画面の上のメニューの中から「ファイル」をクリックします❶。

「ファイル」のなかのメニューから「保存」をクリックします❷。

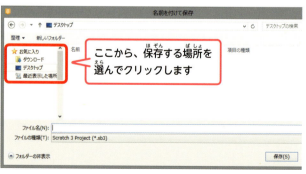

2 「プロジェクトを保存」という画面が開きます。

プロジェクトを保存する場所を選びます。保存画面の左にあるリストから「デスクトップ」をクリックします。

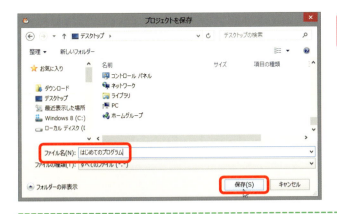

3 保存場所が決まったら、プロジェクトの名前をつけましょう。
保存画面の下にある「ファイル名」という所にプロジェクトの名前を入力します。
保存画面の右下にある「保存」というボタンをクリックします。

4 デスクトップに、「.sb3」のファイルができていれば、保存完了です。

5 保存がおわったら、Scratchの画面を閉じても大丈夫です。
Scratchの画面の右上にある×ボタンをクリックすると、画面を閉じることができます。
かくにん画面が表示されたら「Leave」をクリックします。

> 📍macOSでは左上の赤いボタンをクリックします。

2 保存したプロジェクトを再開する

1 保存したプロジェクトの続きを作りたい「ファイル」の「コンピュータから読み込む」をクリックし、保存しておいたプロジェクトのファイルを開きましょう。

ヒント

macOSでプログラムを保存したいときは、**1**はWindows（この本）と同じです。**2**と**3**の画面が若干ことなりますが、保存場所を選び、名前を入力するのは同じです。

ヒント

ファイルの上書き保存

保存したあと、プログラムの続きをもう一度保存したい時は、また「ファイル」のメニューから「コンピューターに保存」をクリックしましょう。
上書き保存したいときは、一度ファイル名を付けているプロジェクトをクリックし、保存します。
「上書きしますか？」というメッセージが現れたら、「はい」をクリックしましょう。

3章

マウスの動きで操作する「鬼ごっこ」

Scratchの始め方はわかりました。
ここからはゲームを作っていきましょう。
マウスの動きについてくるキャラクターと
それを追いかける鬼の
鬼ごっこゲームをつくります。

3-1 ゲームに必要なものを用意しよう

ゲームを作る時には、どんなものがいるかな？
作りはじめる前に考えながら準備しよう。

1 ゲームの設計図をかこう

ゲームを自分で考えるなんて無理！と思っていませんか？　どういう順番で何をすればいいのかさえわかればむずかしくはありません。ゲームづくりにも手順があるのです。
今回つくる「鬼ごっこ」を例に、一緒にゲームを考えて、作ってみましょう。

■何を作る？

ゲームは何を作るかを考えてまとめて、それをもとに1つずつゲームを作っていくという手順で出来上がります。ある程度ゲームが完成したら、動かしてみて動かないところを直したり、面白くなるように調整したりすることもあります。
まず「何を作りたいか」を考えます。今回は「鬼ごっこ」とテーマを決めていますが、好きな遊びやゲームから考えてみても面白いでしょう。
鬼ごっこをゲームにするとしたらどんなキャラクターが必要でしょうか？　これも考えてみましょう。まずは追いかける鬼が必要です。鬼から逃げる人も必要ですね。今回は鬼をプログラムで自動で動くようにして、鬼から逃げる人（主人公）を自分で操作しましょう。
主人公と鬼の見た目やどんな風に動くかを考えます。鬼はどういう見た目にしたらこわくなるか、マウスやキーボードでどう操作するか…、思いつくものを挙げてメモしていきましょう。

■設計図を作ろう

今考えたものを、紙に書いてまとめておきましょう。これがゲームの「設計図」になります。例えばこんな感じです。この設計図でゲームをつくってみます。

プレイヤーはマウスでうごかしたいな

オバケはゆっくりおいかけてくるようにしよう

	主人公の設定	鬼の設定
どんなキャラ（見た目）？	宇宙人みたいなキャラクター	オバケみたいなキャラクター
どうやってうごく？	マウスについてくる	ゆっくり主人公によってくる
ゲームの目標 （どうなったら勝ち？どうなったら負け？）	オバケにつかまらなければ勝ち。 とちゅうでオバケにつかまったら負け。	

3-2 主人公と鬼をゲーム画面に配置しよう

イメージがかたまったら、キャラクターをゲーム画面に登場させよう。

1 Scratchではネコ以外のキャラクターも使える

Scratchを起動するとかならずネコのスプライトが現れますが、ネコ以外にも色々なキャラクターが用意されています。
さらに自分で絵を描く機能や、画像ファイルを使える機能、写真を撮影する機能など、色々な方法で自由に絵を作ったり、選んだりできます。

2 ライブラリーからキャラクターを追加しよう

まずは新しく主人公のキャラクターを追加してみましょう。

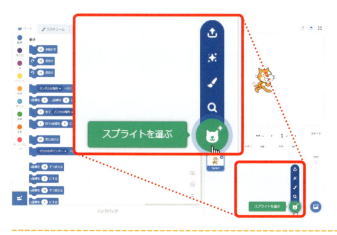

1 スプライトリストの右下に「ネコのアイコン」があります。このアイコンにマウスを近づけると、スプライトを追加するアイコンが現れます。

2 「スプライトを選ぶ」メニューをクリックします。

クリック

3 スプライトライブラリーが開きます。ここから、好きなキャラクターをクリックしてえらびます。

🖊 使っているパソコンによっては、ライブラリーを開くのに時間がかかることもあります。あせらずに待ちましょう。

ヒント  スプライトライブラリーの上側にある「カテゴリー」をクリックすると、そのテーマにそったスプライトが表示されるよ。

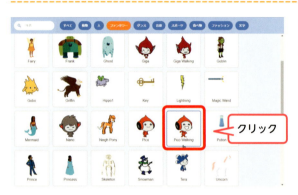

4 主人公に使いたいキャラクターが決まったらキャラクターをクリックします。

5 スプライトリストに、新しいスプライトが追加され、ステージにも表示されました。

🖊 コードエリアの表示が変わっていることにも注目してください。今までコードエリアにはネコが表示されていましたが、代わりに先ほど追加したキャラクターが表示されます。Scratchはキャラクターごとに別のプログラムを作成でき、コードエリアには現在プログラムを作成しているキャラクターが表示されます。

6 2 3 4 と同じ手順で、こんどは鬼につかうスプライトを選んで追加します。

🖊 自分のイメージにあったキャラクターをえらんでみましょう。この本では一番右のキャラクターにしました。

3 キャラクターに名前を付けよう

キャラクターが追加できたら、そのキャラクターに名前をつけてあげましょう。名前をつけるとキャラクターが操作しやすくなります。

1 スプライトリストのなかから、名前を変えたいキャラクターをクリックします。

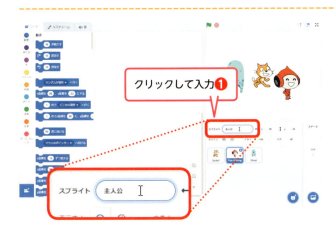

2 スプライト名のテキストボックスをクリックして、あたらしい名前（主人公）を入力します❶。

ヒント
テキストボックスの文字を消すにはこのキーを使います

3 スプライトリストに表示される名前が変わります。スプライトに名前をつけることができました。

4 **1**～**3**の手順で、こんどは鬼につかうキャラクターにも、名前をつけてみましょう。この本では「おに」という名前にしました。

4 キャラクターの大きさをかえるには？

キャラクターの大きさがそろっていないときは大きさのパラメーター（数字）を変えて、キャラクターの大きさを変えてみましょう。

1 スプライトリストの中から、大きさを変えたいスプライトをクリックします。
「大きさ」というテキストボックスに「100」という数字が入っています。

2 大きくしたいときは、「大きさ」のテキストボックスをクリックして、100より大きい数字を入力します。

3 小さくしたいときは「大きさ」のテキストボックスに100より小さい数字を入力します。

ポイント スプライトの大きさは、見た目ブロックのなかの、「大きさを○％にする」ブロックでも変えられるよ。詳しい使い方は4-2を見てね。

5 追加したキャラクターを動かしてみよう

Scratchは、スプライト1つ1つに別々のプログラムができます。ネコ（名前はスプライト1）と主人公、おにの3つのスプライトがあります。主人公のスプライトにプログラムをして動かしてみましょう。

1 スプライトリストの中から主人公のキャラクターをクリックします。

> もし、コスチュームや音の画面になっているときは「コード」のタブをクリックして、コード画面に戻しましょう。

2 左のようにプログラムします。「イベント」カテゴリー、「制御」カテゴリー、「動き」カテゴリーからそれぞれのブロックを使います。

ポイント

「イベント」カテゴリーの ▶ がクリックされたとき のブロックを使ってみましょう。このブロックを組み合わせると、ステージの左上にある旗アイコンがクリックされたときに、このブロックにつながっているプログラムが動くようになります。

3 ▶ をクリックします❶。ネコや鬼はアニメーションせずに主人公だけがアニメーションします❷。
ネコや鬼にはプログラムをしていないからです。

ヒント このように、Scratchはそれぞれのスプライトに違うコードを組んで、別々の動きをさせることができます。

6 使わないキャラクターを消そう

今回のゲームには、ネコのキャラクターは使いません。消しておきましょう。

1 消したいキャラクターを、スプライトリストのなかから選んで右クリックします❶。
右クリックメニューの中から「削除」というメニューをクリックします❷。

2 削除すると、スプライトリストの中からネコが消えて、ステージからもいなくなります。

ヒント
キャラクターの右上の ✖ をクリックしても消せるよ。

ヒント

まちがってスプライトを消してしまったときは

ブロックと同じように、キャラクター（スプライト）も削除の取り消しができます。

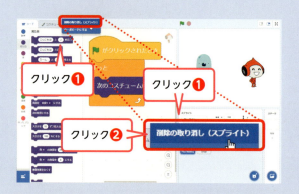

画面上のメニューから「編集」をクリックします❶。
「削除の取り消し」をクリックします❷。
消してしまったスプライトを、一度だけ元に戻すことができます。連続でいくつも消してしまったときは、最後に消したスプライトだけを戻すことができます。

マウスについてくる キャラクターを作ろう

主人公と鬼に別々の動きをさせよう

1 主人公キャラクターがマウスについてくるようにしよう

まずは、マウスについてくるように主人公にプログラムしてみましょう。主人公はプレイヤーが動かしたいので、マウスにピッタリとついてくるようにします。

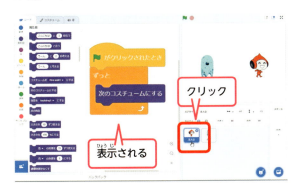

1 主人公のスプライトをクリックします。3-2でつくったコードが表示されています。

> もし、コスチュームや音の画面になっているときは「コード」のタブをクリックして、コード画面に戻しましょう。

2 「動き」カテゴリーの `どこかの場所へ行く` のブロックの▼をクリックして❶「マウスのポインター」を選びます❷。`次のコスチュームにする` のブロックの下にくるように組み合わせてみます❸。

> **ヒント** `マウスのポインターへ行く` のブロックは、キャラクターがマウスポインターへ移動するブロックです。「ずっと」ブロックと組み合わせることでつねにマウスポインターについてくるようになります。

3 コードが組めたら、▶をクリックして❶、動きを確認します。
マウスを動かすと、主人公もマウスについてきます❷。

53

2 鬼がマウスにだんだん近づいてくるようにしよう

鬼にもプログラムします。主人公と同じプログラムだと、一緒にマウスについてきてしまうので、鬼はすこしずつマウスに近づいてくるようにプログラムしてみましょう。

1 スプライトリストの中から、鬼のキャラクターをクリックします❶。鬼の、コード画面がひらきます❷。

2 「10歩動かす」のブロックを使って鬼が進むように、左のようにプログラムしてみましょう。
このままではまだ、マウス（主人公）に向かってついてきません。

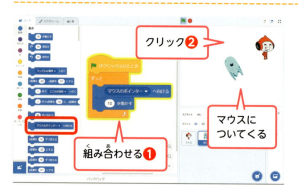

3 動きブロックのなかにある「マウスのポインター▼へ向ける」ブロックを、左のように組み合わせてみましょう❶。旗をクリックして、動きをチェックします❷。主人公はマウスにピッタリとついてくる動き 鬼はマウスにだんだんとついてくる動きになりましたね。マウスを動かして、鬼に捕まらないように動き回ってみましょう。

ポイント マウス以外へも向けられる「マウスのポインター▼へ向ける」ブロック

このブロックは、マウスポインターのほかに、自分以外のスプライトに向けることもできます。主人公以外のキャラクターで「主人公（スプライト名）へ向ける」とすれば主人公に向かっていきます。
今は主人公しかいませんが、たとえば友達が操作できるように２Ｐキャラを用意して、主人公と２Ｐキャラを交互に追いかけてくる鬼をつくることもできます。

もしも鬼に追いつかれてしまったらどうする？

鬼に追いつかれてしまったことを、コンピュータに教えるにはどうすればいいかな？

「鬼に捕まったらゲームオーバーにして」

「鬼に捕まったらってどういうこと？」

ここまでにできたゲームをあそんでみると、鬼に捕まってもなにも起こりません。このままでは鬼ごっこになりませんね。コンピュータは、鬼ごっこのルールをしらないので、どうなったらゲームオーバーになるのか、教えてあげなければいけません。

1 鬼に捕まったことを知るには？

鬼に捕まったときとは、どんなとき（状態）でしょう？「主人公に鬼がさわったとき」ですね。この条件（〜したとき）をコンピューターに教えるには「もしブロック」を使います。

左が制御カテゴリーの中にある「もし　なら」のブロックです。◆のなかに入っている条件が正しければ（〜したときには）、このブロックにはさまれたブロックが実行されます。実際に試してみましょう。

1 スプライトリストから主人公のキャラクターをクリックします❶。
「制御」カテゴリーをクリックして、その「もしブロック」を左のようにドラッグして追加します❷❸。

2 「もしブロック」の中に入れる「条件」を決めましょう。
調べるカテゴリーをクリックして❶、中にある マウスのポインター▼ に触れた のブロックを、もしブロックの ◇ の中にドラッグします❷。

ヒント
ブロックがうまく合体できない時は

合体したいブロックの、左上の部分を ◇ の部分に近づけてみましょう❶。

すると ◇ が光ります。ここでマウスをはなすと、ブロックを合体することができます❷。

3 合体できたら  のブロックの▼ボタンをクリックします❶。
でてきたメニューのなかから「おに」をクリックします❷。

4 これで「もし鬼に触れたなら」の条件をつくることができました。

🏰 おうちの人と読んでね

条件分岐：ここで紹介した「○○のときは△△する」のはプログラミングでは非常に重要な条件分岐という処理の仕組みです。

2 つかまったときの演出を考えよう

鬼につかまったときがわかるようになったので、鬼につかまったらどうするか？を考えてみましょう。音を鳴らしてもいいですし、セリフをしゃべらせてもいいですね。今回はキャラにセリフをしゃべらせてみましょう。どんなセリフがいいか考えてみてください。

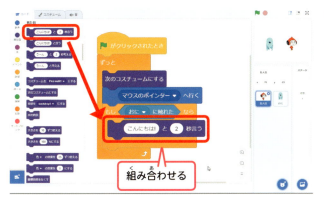

1 キャラがしゃべるようにするには見た目カテゴリーの こんにちは！と 2 秒言う のブロックをつかいます。
このブロックを、もしブロックの中にドラッグしていれてみましょう。

このままだと、鬼に捕まったときに「こんにちは！」と言ってしまいます。セリフをかえましょう。

2 こんにちは！と書かれた部分をクリックして、文字のまわりが青くなったら、しゃべらせたいセリフを入力しましょう。

3 セリフを変えることができたら、▶をクリックして❶、遊んでみましょう❷。鬼に捕まったときに、セリフをしゃべるようになっているかを確認しましょう。

3 つかまったらゲームが終わるようにしよう

つかまったときの演出まではできましたが、つかまったあとも鬼が追いかけてきます。これではゲームが終わりません。ゲームが終わるようにしてみましょう。
ゲームを止めるには、「制御」カテゴリーの中にある 止める すべて▼ のブロックを使います。このブロックを使うと、● ボタンを押さなくても、プログラムを止めることができます。

1 「制御」カテゴリーの 止める すべて▼ のブロックを主人公のコードの「もし鬼に触れたなら」のブロックの中に組み合わせましょう。

2 ▶ をクリックして、ちゃんと動くか遊びながら確かめてみましょう❶。
鬼に触ると、セリフを2秒間しゃべったあとゲームが終わりました❷。
これでゲームはひとまず完成です。遊んで試してみましょう。

セリフがでる時間をかえたい時は

セリフを話し終えてからゲームが止まるので、2秒間は長いと感じるかもしれません。
セリフが出る時間を変えたい時は、「2秒言う」の数字を少なくすれば、セリフが出る時間も短くなります。
0.1や1.5など、小数点も使えますよ。

作ったゲームを アレンジしよう

ゲームに新しいルールを追加してアレンジしてみよう。

Scratchには「ほかの人のプロジェクトをリミックス（参考にしたり、再編集したり）できる」という特徴があります。Scratchのwebサイトにアクセスすれば色々な人の作品を見ることができ、また自由にアレンジすることができます。他の人のプログラムをみたり、アレンジしたりすることは、プログラム上達の近道です。

■どうアレンジする？

どうやってアレンジすればいいのでしょうか？
ゲームを面白くする方法のひとつに「ルールを追加する」という方法があります。
ここでは自分でつくったここまでのゲームをアレンジしてみましょう。ふだんやっている鬼ごっこを思い出して下さい。ふつうの鬼ごっこのほかに「いろおに」や「こおりおに」「たかおに」など、ルールを追加したアレンジ鬼ごっこがありますよね？

今回の鬼ごっこにも、ルールを追加して、あたらしい鬼ごっこにアレンジします。

1 オリジナルのめいろをつくってみよう

自分でかいためいろの中を逃げまわるゲームにアレンジしてみましょう。

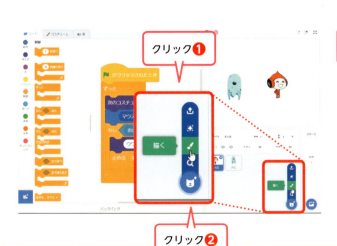

1 スプライトリストの「ネコのアイコン」にマウスを近づけます❶。出てきたメニューの中から、ふでマークのアイコンの「描く」をクリックします❷。

2 なにも描かれていない新しいスプライトが、スプライトリストに追加されます❶。
画面の右がわが「コスチューム編集画面」にかわります❷。ここに、筆ツールや直線ツールを使ってめいろを描いていきます。

この部分にめいろをかきます
画面が変わる❷
追加する❶

	選択ツール	マウスをドラッグして選択した部分を、移動させることができます。
	形をかえるツール	マウスをクリックしたところの形をかえることができます。
	筆ツール	マウスでドラッグしたとおりに線がひけます。
	消しゴムツール	マウスをドラッグしたところを消します。
	塗りつぶしツール	線でかこまれた内側をクリックすると塗りつぶすことができます。
	テキストツール	マウスをクリックしたところに文字が書けます。
	直線ツール	マウスをドラッグすると直線がひけます。
	円ツール	マウスをドラッグすると丸が描けます。
	四角ツール	マウスをドラッグすると四角が描けます。

「塗りつぶし」の色のところをクリックし、スライダーを動かすと色を変えることができます。

「枠線」をクリックすると数字を変えて、線の太さを変えられます。

ヒント

コスチューム編集画面がせまいときは

クリック

ステージの右上にある、ちいさな□ボタンをクリックしてみましょう。するとステージが小さくなり、コード編集画面やコスチューム編集画面が見やすくなります。
元に戻すときは、もう一度□ボタンをクリックすると戻ります。

3 線を引くための準備をします。
直線ツール ╱ をクリックします❶。「枠線」をクリックし❷、スライダーを動かして好きな色をつくります❸。
これで線の色がかわります。

4 線の太さも決めます。
「枠線」のテキストボックスの数字をふやして、線を太くしてみましょう。

5 線の色と太さがきまったら、コスチューム編集画面に線を引いてみましょう。
線を引きはじめたいところをマウスでクリックして線を引きたいところまでドラッグします。線の始まりから、マウスポインターに向かって線が伸びます。
線の終わりまでマウスでドラッグしたら、マウスを離します。これで直線が引けました。

ヒント 引いた線をキャンセルしたい時は

消しゴムツールを使ってもいいですが、ひとつ前の手順に戻したいときには「取り消し」ボタンをクリックして元に戻せます。
Ctrl + Z(Command + Z)でも戻せます。

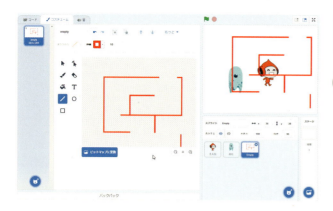

6 4を参考に直線をなんども引いて、めいろを作ります。

ポイント 🚩をクリックしてスタートするので、スタートの場所も左上になるように作ります。

ヒント めいろは、細かいと難しすぎるのですこし大きめのはばでつくりましょう。

2 スタートとゴールをつくろう

めいろができたら、スタートとゴールをつくります。

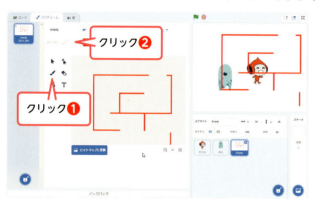

1 筆ツールをクリックします❶。スタートにつかう文字の色を選びます。

「塗りつぶし」をクリック❷、スライダーを動かして色を選びます。

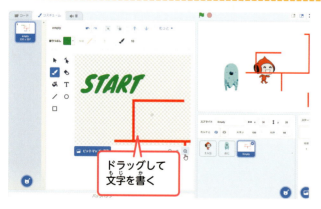

2 筆ツールもは描きたい場所にマウスをクリックして、ドラッグすることで描けます。

文字は、拡大すると描きやすくなります。右下の「虫めがねアイコン 🔍」をクリックすると、拡大することができます。
反対に「虫めがねアイコン 🔍」をクリックすると小さくなります。

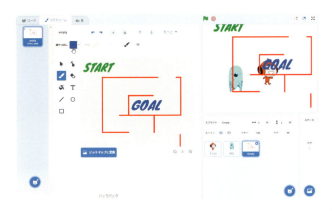

3 STARTの文字が書けたら、カラーパレットから、スタートとは違う色を選んで、GOALの文字も書きましょう。
これでめいろは完成です。

🏰 **おうちの人と読んでね**

文字が上手に描けないときは文字入力用の「テキストツール」を使ってみましょう。

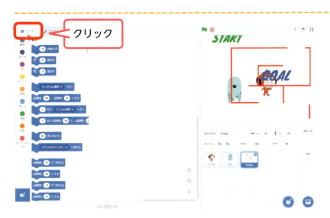

4 めいろができたら「コード」のタブをクリックして、コード編集画面に戻ります。
ステージを見ると、めいろの表示がズレていますね。画面の中央にうまく見せたいです。

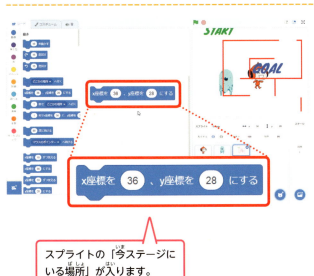

スプライトの「今ステージにいる場所」が入ります。

5 めいろのスプライトを画面のまん中に持ってきます。
動きカテゴリーの

`x座標を 36 、y座標を 28 にする`

というブロックを使ってみましょう。
このブロックは、`○歩動かす`のブロックとはちがい、ステージの決められた場所にスプライトを移動させることができます。

✏️ ステージにあるめいろを、マウスでドラッグしてもいいですが、ブロックで場所を変えています。

6 中の数字をそれぞれ 0 に変えてみましょう❶。

数字を変えたら、ブロックをクリックします❷。めいろが画面の中央に表示されます。

ヒント

座標ってなに？

座標は、ステージの場所を数字で表したものです
x がヨコ方向・y がタテ方向を示します。
中心を x 0・y 0 として、上に行くほど y の数字が増え、下に行くほど y の数字が減っていきます。
右に行くほど x の数字が増え、左に行くほど x の数字が減っていきます。

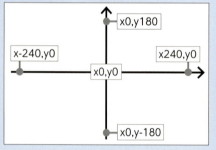

キャラクターの今いる場所は、スプライトリストの上の「x」「y」でわかります。これがキャラクターの座標です。ゲーム中、キャラクターが動いているときにも、この数字がいっしょに変わっていきます。どの場所がどの座標なのか、キャラクターを動かしながら確認してみましょう。

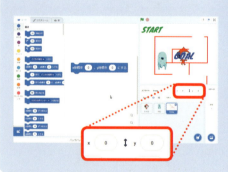

3 めいろの見た目をととのえよう

キャラクターの前にめいろが表示されています。これを後ろ側にしましょう。スプライトの前後（手前・奥）を入れかえるには「見た目」カテゴリーの「1層手前に出す」「1層奥に下げる」を使います。

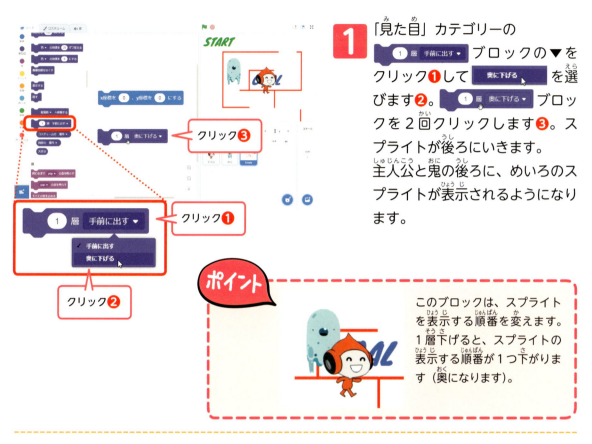

1 「見た目」カテゴリーの `1層 手前に出す` ブロックの▼をクリック❶して `奥に下げる` を選びます❷。`1層 奥に下げる` ブロックを2回クリックします❸。スプライトが後ろにいきます。
主人公と鬼の後ろに、めいろのスプライトが表示されるようになります。

ポイント
このブロックは、スプライトを表示する順番を変えます。1層下げると、スプライトの表示する順番が1つ下がります（奥になります）。

2 主人公や鬼の大きさをめいろにあったサイズに変えましょう。「大きさ」の数字を変えて、キャラクターを小さくします。

ヒント 拡大・縮小の方法は 3-2 を見て下さい。

4 めいろのカベに当たったことを知るには？

「鬼にさわったらゲームオーバー」というルールのほかに「めいろのカベにさわらないようにゴールする」というルールを追加します。

ゲームに条件を追加したい時は、「もしブロック」を使うのでした。
このブロックで、めいろのカベにあたったかどうかをコンピューターに教えてあげましょう。

1 スプライトリストから「主人公」のスプライトをクリックし、コード編集画面をひらきます。
いまあるコードの中に「制御」カテゴリーの「もしブロック」を組み合わせます。

2 めいろのカベにさわったことを知るために「調べる」カテゴリーの中にある 色に触れた ブロックを使います。

✏️「もしブロック」の中に組み合わせます。

3 色に触れた ブロックの色のついた●をクリック❶するとパレットが開きます。「スポイト」アイコンをクリック❷すると、ステージから色が選べます。

✏️ここでは赤くなります。

4 めいろのカベをクリックしてみましょう。すると 色に触れた のブロックがめいろのカベの色にかわります。

これで、主人公が、めいろのカベに当たったことを、コンピュータがわかるようになりました。

5 めいろのカベにさわったときにゲームオーバーになるようにしてみましょう。
「鬼に触れたとき」と同じようにセリフをしゃべらせて、ゲームが終わるようにプログラムしてみましょう。

🖍 鬼に捕まったときとちがうセリフにしてみるのもいいですね。

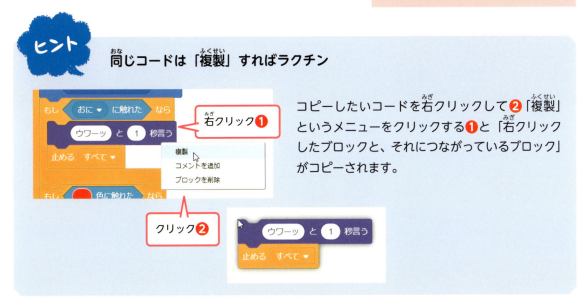

ヒント　同じコードは「複製」すればラクチン

コピーしたいコードを右クリックして❷「複製」というメニューをクリックする❶と「右クリックしたブロックと、それにつながっているブロック」がコピーされます。

5 ゴールしたらゲームを終わらせよう

めいろのカベにあたったことを、 色に触れた ブロックで知ることができました。同じように、 色に触れた のブロックを使って、ゴールしたかどうかを調べられます。

1. 「もし〜なら」ブロックと、 色に触れた のブロックを、左のように組み合わせます。

2. 色に触れた のブロックの●をクリックして❶、「スポイト」アイコンをクリックしたら、ゴールの文字の色をクリックします❷。これで、ゴールに着いたときがわかるようになりました。

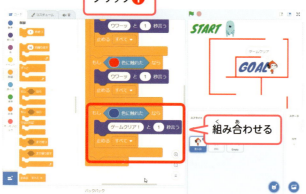

3. ゴールに着いたときの表現を入れましょう。ここではゲームクリアと言っています。
さいごに、 止める すべて▼ ブロックでゲームが終わるようにします。

🔴 セリフだけでなく、音をならしてもいいですね。

ヒント

ゲームの始まりや終わりの表現

ゲームの始まりや終わり、ダメージを受けたときなどに表現を与えることを「演出する」ということがあります。

6 鬼が出てくる場所を決めてみよう

鬼の位置はドラッグで調整できます。しかし、毎回ドラッグで動かして、ゲームを始めるのは、めんどうですよね。そんなときは、プログラムでゲームがスタートしたときの鬼の場所を決めてあげましょう。

1 ステージにいる鬼をマウスでドラッグしてスタートさせたい位置におきます❶。どこでも好きな場所においてみましょう。
スプライトリストの中から鬼のスプライトをクリックでえらんで❷、コードをひらきましょう。

2 めいろの位置をあわせるときに使った「x座標を◯、y座標を◯にする」を使います。
このブロックのなかには「スプライトが今いる場所」の座標がはいっています。
これを「旗がクリックされたとき」の下に組み合わせます。
ブロックリストから取り出したときの座標をそのまま使いましょう。

✏ 図では、「x60・y150」になっていますが例としての座標なので、実際には違う座標になります。

ヒント このブロックを「ずっと」のなかに入れてしまうと、ずっとこの場所から動けなくなってしまうので注意しましょう。
主人公を追いかけるプログラムの前に、座標をセットします。

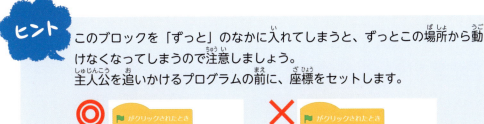

7 鬼のスピードを変えて、ゲームバランスを調整しよう

さっそく、🚩を押してゲームをあそんでみましょう❶。
……どうでしょうか。すぐに鬼につかまってしまいます❷。
鬼が速すぎて、このままではゴールできません。鬼のスピードをゆっくりにしましょう。

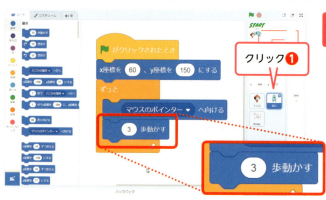

1 スプライトリストから、鬼のスプライトをえらんで、コード画面をひらきます❶。
鬼のコードの「●歩動かす」の数字を小さくしてみましょう❷。動きがおそくなります。

この数字が小さいほど、動きは遅くなります。どれくらいのスピードがいいか、何度かプレイしながら試してみましょう。あまりスピードを遅くしすぎると、ドキドキ感がなくなるので、違う方法でもゲームバランスを調節してみましょう。

2 鬼のコードに、「見た目」カテゴリーの のブロックをつかって、鬼がスタートするまでのカウントダウンをさせてみましょう。
左のようにプログラムすると鬼は「3．2．1．GO！」と言ってからスタートします。

スタートまでの待ち時間が設定できましたね。どれくらいの待ち時間にすれば、ちょうどいいむずかしさになるか、色々な数字を入れてためしてみましょう。

主人公に当たったときに、鬼が変な動きをするのがイヤ

鬼が移動するときのプログラムを見てみましょう。
「ずっと3歩動かす」になっているので、主人公を捕まえたときにも動き続けています。

この部分を、制御ブロックの「もしなら でなければ」のブロックを使って、左のようにしてみましょう。

「もし主人公に触れたなら」なにもしない。
「主人公に触れていなければ」3歩動かす。

このようにプログラムすれば、主人公を捕まえたときには、鬼が動かなくなりますね。

ゲームがはじまるときの鬼の角度が変

鬼は、主人公に向かって動くので、ゲーム中は色々な方向を向きます。ゲームがはじまったときにどこを向けばいいかをプログラムしていないので、鬼はさっきまで向いていた方向のまま、スタートしてしまいます

「ゲーム中は主人公に向いてほしいけれど、スタートの時は右を向いていてほしい」というときは
動きブロックの、 90 度に向ける のブロックを使って、左のように、スタート時の向きを決めてあげればOKです。

3-6 作ったゲームを保存しよう

作ったゲームをいつでも遊べるように、コンピューターに保存しよう。

Scratchで作ったゲームを保存しておけば、いつでもロード（読み込み）して遊んだり改造したりできます。

1 オフラインエディターで保存する

1 画面上のメニューの中から「ファイル」をクリックします❶。ファイルのメニューの中から「保存」をクリックします❷。

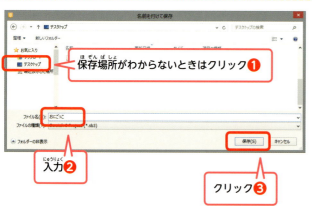

2 「プロジェクトを保存」画面が開きます。保存する場所を選びます❶。ファイル名（ゲームの名前）をつけましょう。なるべくわかりやすい名前にします。ファイル名をつけたら、「保存」をクリックしましょう❷❸。

> 保存する場所がわからないときは、デスクトップをえらびます。

3 保存がおわると、保存先に選んだ場所（デスクトップなど）に、プロジェクトのファイルができます。

4章

クリックでモンスターをたおす 「モンスタークリッカー」

クリックしてドラゴンをたおす
ゲームを作りましょう。
名づけてドラゴンクリッカーです。
インターネットからお手本をもってきて、
ゲームを作ります。

4-1 用意しよう

インターネットからプロジェクトをダウンロードしてプログラムしてみよう！

Scratchのサイトには、世界中の人がプロジェクト（ゲーム）を作って公開しています。プロジェクトをリミックスしたり、パソコンにダウンロードして続きを作ってみましょう。

1 オンライン版のゲームを見る

この章からはすでにあるゲームのひながたを使ってゲームを作っていきます。モンスタークリッカーのプロジェクトを、Scratchのサイトにおいてあります。これを使ってゲームを作ってみましょう。まず、プロジェクトのある場所にアクセスします。

1 ブラウザのアドレスバーに
https://scratch.mit.edu/projects/279546353/
と入力してアクセスしてみましょう❶。
「モンスタークリッカー」という名前のプロジェクトページがひらきます。
プログラムするには「中を見る」ボタンをクリックします❷。

🖉 このプロジェクトは、まだプログラムされていないので、旗をクリックしても何も起こりません。

2 コード編集画面が開きます。「プロジェクトページ参照」をクリックすると元のページにもどります。

🖉 ここでオフラインエディターと同じようにプログラムすることができます。

🖉 Scratchのアカウントを持っている人は「リミックス」ボタンを押すと、自分のアカウントにプロジェクトをコピーすることができます。

2 オンライン版のゲームをダウンロードする

オンライン版のゲームをパソコンにダウンロードして使えるようにします。

1 プロジェクトページを開いて「中を見る」ボタンをクリックします。

🏰 おうちの人と読んでね

ゲームのひな型を使う：本書ではゲームのひな型を使うことで、プログラミングの分野に集中して学習が進められるようになっています。

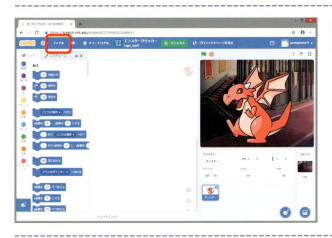

2 左の画面が開いたら、画面上のメニューの中から「ファイル」をクリックします。

3 ファイルのメニューの中のコンピューターに保存するというメニューをクリックします。クリックすると（Google Chrome の場合）そのまま保存されます。Edge などでは、ダウンロードするところを決めて保存します。ダウンロードしたプロジェクトを開くには、2-5 を参考にしてください。

🖍 どこに保存すればよいかわからない時はデスクトップを選びましょう。ファイル名には、プロジェクトの名前が自動で入ります。

3 背景を追加しよう

プロジェクトがScratchで開かれます。これを編集していってゲームを作ります。素材（キャラクターや背景）があらかじめ用意されているので、プログラム作成に集中できます。

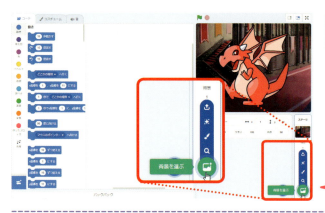

1 画面の右下に「背景を選ぶ」のアイコンがあり、マウスを近づけるとさらに4つのアイコンが現れます。
「背景を選ぶ」のアイコンをクリックします。

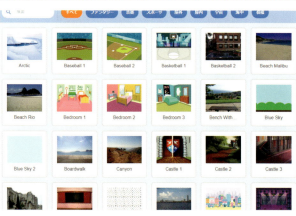

2 背景ライブラリーが開きます。
この中から、好きな背景を選んでみましょう。

🖊 使っているパソコンによっては、ライブラリーを開くのに時間がかかることもあります。

🖊 ライブラリーの「カテゴリー」をクリックすると、そのテーマに関連したスプライトが表示されます。

背景

Scratchではゲームに背景（背景画像）を設定できます。背景を設定することでゲームの世界がより本物らしくなります。いろいろな背景をためしてみましょう。

3 背景に使いたい画像を、クリックします。

クリック

4 背景が追加され画面が変わります。「背景」のタブをクリックして背景の編集画面を開きます。

✏️ スプライトのコスチュームのように、背景にも自由に絵をかくことができます。ここではかきません。

5 使わない背景を消したいときは、背景リストの中から、背景をクリックし❶、クリックした背景が青色のワクでかこまれたら、右上の❌マークをクリックします❷。

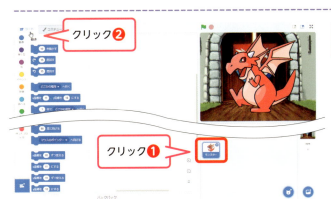

6 スプライトリストの中からモンスターをクリックして❶、「コード」のタブをクリックします❷。もとのコード画面に戻ります。

4 モンスターを画面に配置しよう

ステージのモンスターをドラッグして、画面の好きな場所に置きましょう。

✏️ 左のモンスターではなく、自分でモンスターを選びたい時は、3-2を見ながら追加してみましょう。

4-2 モンスターが操作に反応するようにしよう

クリックしたときにモンスターが反応するようにプログラムしてみよう

Scratchにはスタートボタンとして旗のアイコンが用意されています。🏁をクリックするほかにも、コンピューターがプレイヤーの操作に反応して動くしかけがあります。今回は「🏁がクリックされたとき」を使わずにプログラムしてみましょう。

1 場面や操作に応じてキャラクターを動かそう

3章で鬼ごっこを作ったときに のブロックを使いましたね。

イベントカテゴリー

このブロックのように「ゲームを遊ぶ人が何かしたら、コンピューターが反応する」しくみのことを「イベント」と言います。

ポイント
「イベント」カテゴリーに入っているブロックは、Scratchが起動したときからずっと、プレイヤーの操作を待ち続けているブロックです。

2 クリックでモンスターに攻撃できるようにしよう

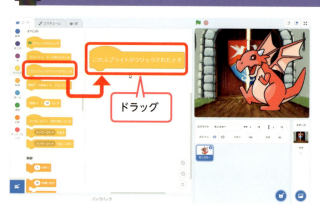

ドラッグ

1 クリックに反応するイベントを使いましょう。

スプライトがクリックされたことを知るには「イベント」カテゴリーの このスプライトがクリックされたとき のブロックを使います。

スプライトがクリックされると、このブロックにつながったブロックが実行されるようになります。

2 モンスターの大きさを変えます。「見た目」カテゴリーの 大きさを -1 ずつ変える のブロックを組み合わせてみましょう❶。今回は、クリックされたときに小さくなるように、中の値をかえて「-1」にします❷。
これで、モンスターがクリックされるたびに小さくなります。

3 攻撃したときの効果音を追加します。Scratchの拡張機能をつかってみましょう。
左下の「拡張機能」アイコンをクリックします。

4 拡張機能をえらぶ画面がでたら「音楽」をクリックします。
拡張機能とはScratchに新しいカテゴリとブロックを追加するためのものです。

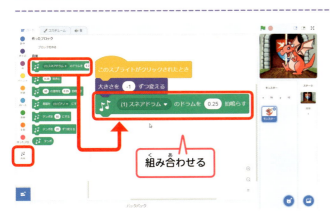

5 「音楽」カテゴリーの中にある (1)スネアドラム▼ のドラムを 0.25 拍鳴らす のブロックを組み合わせてみましょう。
▼ボタンをクリックすると色々な楽器を選ぶことができるので、自分のイメージにあった楽器をえらんでみましょう。

3 ほかのイベントもためしてみよう

クリックでちいさくなったモンスターをもとにもどしたい！

ここまでできたら、モンスターをクリックして、ちゃんと動くか確認しましょう。
モンスターをクリックすると、どんどん小さくなっていきます。
モンスターが小さくなったままだと、つぎのゲームをはじめるときに困りますね。
ゲームをリセットする機能を追加してみましょう。

> **ポイント　イベントブロックはいくつも置ける**
>
> イベントブロックは、それぞれ違うイベントを待っているブロックなので、別のイベントブロックを置いて、ちがうプログラムをすることができます。ゲームの機能をふやしたい時や、同じスプライトに違う動きをさせたいときなど、色々な使い道があります。

スペースキーをリセットボタンにしてみましょう。

1 「イベント」カテゴリーの スペース▼キーが押されたとき のブロックを新しくコードエリアに置きましょう。

🖊 このブロックは、始まりのブロックなので、 このスプライトがクリックされたとき のブロックとは組み合わせません。

🖊 ▼ボタンをクリックすると、スペース以外のキーも選ぶことができます。好きなキーを選んでリセットボタンに設定してもいいです。

クリック

2 「見た目」カテゴリーの  のブロックを組み合わせます❶。
今回は、リセットボタンで元の大きさに戻したいので「大きさを100%」にします。

> 📝 このブロックはスプライト情報の「大きさ」のテキストボックスから入力するするかわりに、プログラムでキャラクターを好きな大きさに変えることができるブロックです。

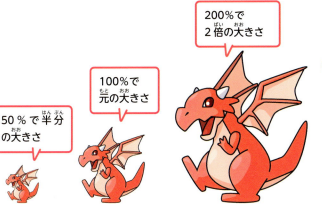

200%で2倍の大きさ

100%で元の大きさ

50％で半分の大きさ

ヒント
100%が元の大きさで、数字が小さくなると、キャラクターも小さくなり、数字が大きくなると、キャラクターも大きくなります。

ヒント
拍手でモンスターをたおす！？

クリックではなく、音に反応してモンスターに攻撃するようにできます。
音を使いたい時は このスプライトがクリックされたとき のかわりに 音量▼ > 10 のとき というブロックを使います。
このブロックは、パソコンのマイクの音量によってイベントがおこるブロックです。パソコンにマイクがなかったり、無効（オフ）だったりすると使えません。

ブロックをいれかえたら、パソコンの前で手を叩いてみましょう。手を叩いたときにモンスターが小さくなれば、きちんと音量を使えています。

4 イベントの組み合わせで操作を広げよう

イベントブロックはいくつ置いてもいいです。これを利用して同じイベントを2つ使ってみましょう。
同じイベントを2つ使うと、1つの操作で2つのプログラムを動かせます。クリックされたときに、モンスターが点めつするように、機能を追加してみましょう。

1 左のように、コードを追加してみましょう。明るさを変えるブロックは、「見た目」カテゴリーの中の のブロックを使います。

ヒント
さまざまな効果

▼ボタンをクリックするといろいろな効果が表示されます。

2 入力した数字によって色の効果は変わります。
0から200まで変化させられます。試してみましょう。
今回は2回繰り返すプログラムなので1回目は色50、2回目は色100になります。いっしゅんのことなのでわかりづらいですが、1回だけ光らせるよりも、すこし効果が和らいで見えます。

3 最後に 画像効果をなくす ブロックで色の効果をなくして、もとの状態にもどします。

4-3 クリック回数を表示しよう

数字などのデータを入れる箱、変数を使って自分だけのパラメーターを追加してみよう。

ゲームには、スコアやヒットポイントなど色々なパラメーター（数字）がありますね。それらのパラメーターは Scratch には用意されていません。かわりに、自分で自由に作って使います。変数というしくみを使います。変数で、ゲームに「クリック回数」を追加して表示させてみましょう。

1 「変数」を利用できるようにしよう

1 まず変数を作ってみましょう。「変数」カテゴリー❶の 変数を作る ボタンをクリックします❷。

2 新しい変数を作るウィンドウが開きます。
変数名の部分に、名前を入れます。ここではクリックの回数のデータを入れたいので「クリック回数」としました❶。
名前を入力したら OK ボタンをクリックします❷。

> **ポイント**
> 新しい変数を作るウィンドウに「すべてのスプライト用」と「このスプライトのみ」の2つのボタンがありますね。これは、作った変数がほかのスプライトからも操作できるかどうかを決めるためのオプションです。とくにこだわりがない時は「すべてのスプライト用」にしておきましょう。詳しくは 8-1 で説明します。

3 変数を作ると、「変数」カテゴリーに新しい変数（クリック回数）と、その変数を操作するブロックが登場しました。そしてステージの左上にも「クリック回数」とかかれた変数のウィンドウが現れました。

2 クリック回数をふやしてみよう

「クリック回数」という変数を作っただけでは、クリック回数はまだ使えません。スプライトがクリックされたときに、クリック回数が増えるようにプログラムしましょう。

1 「データ」カテゴリーの中にある クリック回数 ▼ を 1 ずつ変える を このスプライトがクリックされたとき のブロックに組み合わせてみましょう。

2 プログラムができたら、モンスターをクリックしてみましょう。クリックするたびに❶、ステージ左上の「クリック回数」が増えていきます❷。

3 変数を初期化しよう

スペースキーでモンスターの大きさをリセットしても、クリック回数はそのままになっていますね。変数もゲームがはじまったときにリセットしてあげましょう。ゲームが始まるときの状態にすることを「初期化」といいます。

1 「データ」カテゴリーの クリック回数 を 0 にする のブロックを使います。
スペースキーをリセットボタンにしているので スペース キーが押されたとき と組み合わせましょう。

2 プログラムができたら「スペースキー」を押してみましょう。
ステージ左上の「クリック回数」が0になります。

4-4 モンスターをクリックでたおそう

何回クリックしたらモンスターをたおせるのか
自分で決めてプログラムしてみよう

クリック回数がわかるようになったら、モンスターをたおすプログラムを作りましょう。何回クリックすればモンスターがたおせるのか、モンスターをたおしたときの演出はどうするかなどを考えながら、プログラムします。

1 もしブロックと変数を組み合わせてみよう

新しいルールを作りたいときには「もしブロック」を使うんでしたね。

- もしブロックに使える形
- もしブロックに使えない形

しかし、もしブロックの条件に使うことのできるブロックは ⬡ の形のブロックなので、このままでは変数と組み合わせることができません。

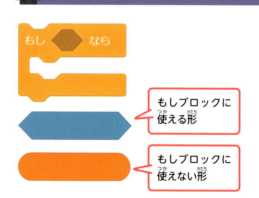

1 ⬡ の条件に、クリック回数を使うためには、「演算ブロック」を使います。
「演算」カテゴリーの ◯<◯ のブロックをえらんで、もしブロックに組み合わせてみましょう。

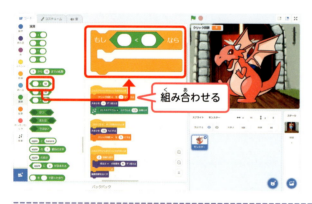

2 「データ」カテゴリーの ◯<クリック回数 を ◯<◯ の中に入れてみましょう。
これで、◯<◯ を介して「もしブロック」に変数を組み合わせることができました。

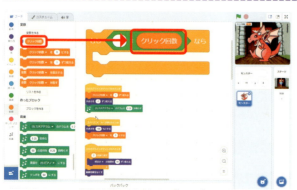

2 モンスターが○○回クリックされたら？を作ってみよう

もしブロックに、変数を使えるようになったら、モンスターをたおす条件（ルール）を決めます。

1 モンスターはクリックでやっつけるので `このスプライトがクリックされたとき` を組み合わせます。

2 何回クリックしたらたおせるのかを決めましょう。
今回は50回より多くクリックされたらモンスターをたおせるようにプログラムしてみます。

演算ブロックの使い方

演算ブロックは数同士を比べるためのブロックです。ここでは「クリック回数」がある数字より大きいか比べるために使っています。＞は左の数が大きい、＝は左右の数が同じ、＜は右の数が大きいときに「もし〜なら」ブロックの中身が実行されるようになります。＞＝＜の記号はまちがいやすいので、自分が作りたい条件にあったものをえらびましょう。

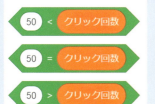

クリック回数が50より大きいとき

クリック回数が50ピッタリのとき

クリック回数が50より小さいとき

条件が決まったら、たおしたときの演出も決めましょう。

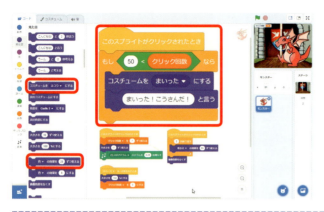

3 コスチュームを変えてセリフをしゃべらせます。
コスチュームを ▼ にする の▼ボタンを押し、まいった ▼ のコスチュームにします。
そして、こんにちは と言う のブロックを使いモンスターを倒した時のセリフを入れましょう。

4 モンスターをクリックして、ちゃんと動くか確認してみましょう。
クリック回数が50回をこえると、モンスターのコスチュームが替わりました。ゲームとしてプレイできそうです。
ただしリセットしてもコスチュームが変わりません。

5 「スペースキーが押されたとき」のイベントに、コスチュームを変えるブロックを追加してはじめのコスチュームにもどします❶。
そして、セリフを消すには こんにちは と言う のセリフの部分をクリックして、Deleteキーで削除しましょう❷。
これで、リセットしたときには、もとのコスチュームが表示され、セリフが消えるようになりました。

3 プログラムの演出

◯を使って、10回クリックされたとき・30回クリックされたとき……というように、クリック回数に応じて色々な演出を考えてみましょう。

1 「もしクリック回数が50より大きいなら」のブロックの前に、「クリック回数が10より大きいなら」という条件を追加してみましょう。
このコードは順番が大事なので、クリック回数が少ない条件のほうを前に持ってきます。

2 「クリック回数が10より大きいなら」の条件の中に、好きなセリフを入れましょう。
これで、ある程度までダメージを与えたらモンスターがセリフを言うように演出できます。

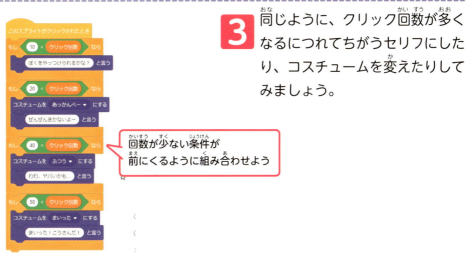

3 同じように、クリック回数が多くなるにつれてちがうセリフにしたり、コスチュームを変えたりしてみましょう。

🏰 **おうちの人と読んでね**

プログラミング言語ではここで活用している変数はとても重要な要素です。データを変数に収めると、プログラム内の様々な場所で取り回せるようになります。

作ったゲームをアレンジしよう

モンスターにHPをつけたり、バックミュージックをならしたり自分だけのオリジナルゲームにアレンジしてみよう。

1 モンスターにHPをつけてみよう

これまではクリックした回数を表示していましたが、モンスターにHP（ヒットポイント）をつけて、ステージに表示させてみましょう。

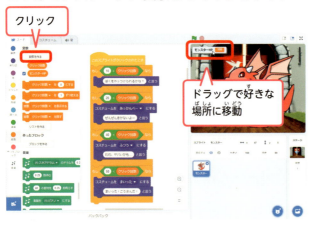

1 「データ」カテゴリーの「変数を作る」ボタンから、「モンスターHP」という名前の変数を作りましょう（4-3を見てね）。モンスターHPが表示されます。

✏️ ステージに表示したくない変数はチェックボックスをクリックして、チェックを外すと消えます。

✏️ ステージに表示されている変数は、ドラッグで好きな場所に動かすことができます。

2 「モンスターHP」を決めます。スペースキーが押されたときのイベントにモンスターのHPを元に戻すプログラムを組み込みます。
「データ」カテゴリーの モンスターHP▼ を 0 にする のブロックを組み合わせ❶❷、HPの値を100にします❸。

クリックされたときにモンスターのHPがへるようにしましょう。

3 クリック回数や大きさを変えているプログラムの中に、モンスターのHPをへらすプログラムを追加します。
「データ」カテゴリーの中から モンスターHP▼ を 1 ずつ変える のブロックを組み合わせます❶。「-2」と入力します。

🖊 こうげきされると、HPは減っていくので変える数はマイナスになります。

🖊 HP100のモンスターを50回のクリックで倒すので 100÷50=2 となり、1回のクリックの攻撃で2ずつ減っていく計算になります。

🏰 おうちの人と読んでね

この本では、マイナス（負の数）を取り扱っています。ゲームを作るうえで避けられないため取り扱っていますが、難しいのでサポートしてあげてください。

2 モンスターを倒したあとは、HPが減らないようにしよう

できたところまでを、実際に遊んでみましょう。すると、モンスターのHPが0になってモンスターをやっつけた後も、モンスターをクリックすることができます。モンスターのHPがマイナス（0より小さい数）になってしまいます。
HPを減らすプログラムに、すこし条件を追加して、0で終わるようにしましょう。

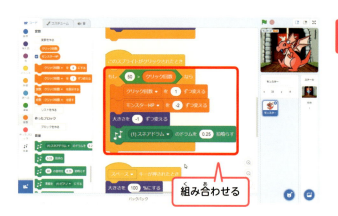

1 「モンスターの HP を減らす」に

を組み合わせてみましょう。
クリック回数が 50 より小さいとき、つまり 49 回目までは、クリックされるとクリック回数が増えたり、HP をへらしたりするプログラムが動きます。

ヒント クリック回数が 50 回になると、これらのプログラムは動かないので、HP が減ることはありません。

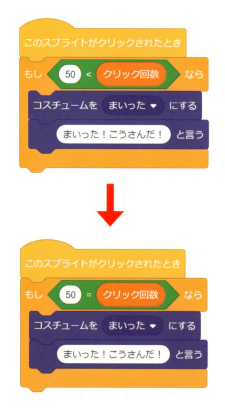

2 このままだと 50 回より多くクリックしたことにならないため、モンスターがこうさんしません。モンスターをたおしたときのセリフの条件を変えると対応できます。
「＝」のブロックを「演算」のカテゴリから取り出し、セリフの条件を「50 ＝クリック回数」にかえます。これで、モンスターにHP をつけるためのプログラムが完成です。

3 プレイヤーにもHP（ヒットポイント）をつけてみよう

プレイヤーにもHPをつけて、モンスターが攻撃してきたら、プレイヤーのHPが減っていくようにプログラムしてみましょう。

1 「変数」カテゴリーの中の「変数を作る」ボタンから、「プレイヤーHP」という名前の変数を作りましょう（4-3を見てね）。

✏️ 変数ができたら、ステージに表示された「プレイヤーHP」を好きな場所に移動させます。

モンスターの攻撃を受けたとき、画面全体をフラッシュのように光らせてみましょう。

2 モンスターが攻撃してくる光を表現するスプライトを作りましょう。

スプライトリストの猫のアイコンにマウスを近づけ、出てきたアイコンの中から、筆のアイコンをクリックします。

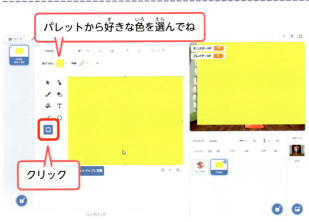

3 コスチューム編集画面が開きます。四角アイコンをクリックして、好きな色で、ドラッグで四角を描きます。画面全体に広がるように大きさを調節しましょう。

4 スプライトの名前と、コスチュームの名前をわかりやすい名前につけかえます。
ここではそれぞれ「モンスターのこうげき」にしました。

🏰 おうちの人と読んでね

初めのうちは、タイピングが難しいので、変数名・スプライト名・コスチューム名はどうしても適当になってしまいがちです。しかし、名前をきちんとつけることで、コードが見やすくなり、ミスを減らすことができます。また、作ったあとでプログラムを見直すときや、他の人にプログラムを見てもらうときにも分かりやすくなります。わかりやすい名前をつけるクセをつけていきましょう。

5 攻撃のスプライトが画面からズレてしまわないように、リセットされたとき（スペースキーが押されたとき）に、画面の中央に表示されるようにします。
画面全体が光るようにしたいので「最前面に出す」のブロックでスプライトを一番手前に表示させます。

6 攻撃してくるアニメーションを作ります。
左のようにプログラムを作ります。これで「隠す→2秒まつ→表示する（画面が一瞬光る）」をくりかえして、2秒間に1回攻撃してくるようなアニメーションになります。

ヒント

演出をこまかくした

一瞬光るだけでは物足りない…というときはこんなふうに光り方を工夫するだけでも、攻撃の印象はかわります。色々試してみましょう。

コスチュームを塗りつぶしではなくツメあとのような絵にしてみると、もっと攻撃らしくなりますね。

ツメあとのようだ

モンスターの攻撃で、プレイヤーのHPが減るようにしてみましょう。モンスターを倒したら攻撃されないようにしましょう。

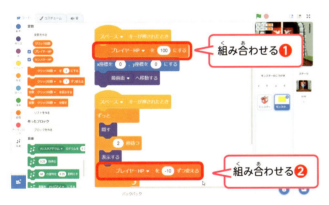

組み合わせる❶

組み合わせる❷

7 プレイヤーのHPを元に戻すプログラムをしましょう。

ゲームがリセットされたらプレイヤーのHPを100にします❶。
画面が光ったとき（スプライトを表示したとき）にモンスターの攻撃を受けます。そのあとに、プレイヤーのHPを減らします❷。

◆ プレイヤーのHPや、1回の攻撃でどれくらいダメージを受けるのかを自分で考えるとむずかしさを調整できます。

組み合わせる

8 もしブロックで、ルールを追加します。

モンスターのHPが0より大きければ（モンスターが倒されていない状態）攻撃してくる、という条件を追加しましょう。
これで、モンスターを倒した時には攻撃してこなくなりました。

4 プレイヤーがやられたとき、ゲームオーバーにしよう

プレイヤーのHPが0になったら、ゲームオーバーの画面が現れるようにしてみましょう。

クリック❶
クリック❷

1 モンスターの攻撃用のスプライトの「コスチューム編集画面」を開きます❶。
猫のアイコンにマウスを近づけ、でてきたアイコンの中から 🖌 筆アイコンをクリックしてゲームオーバー用のコスチュームを作成します❷。

2 四角ツールで、好きな色にぬりつぶしたあと、ふでツールや
🆃 文字ツールでゲームオーバーの文字を書きましょう。
コスチュームの名前も、わかりやすい名前にかえておきます。

🔸 ここでは英語で「Game Over…（ゲームオーバー）」と入力しました。

3 コード画面にもどって❶、プログラムを追加します❷❸。

🔖 ゲームがリセットされたときには、攻撃用のコスチュームになるようにしておきます。

「もしブロック」で、プレイヤーのHP（ヒットポイント）が0になったらゲームオーバーになるように、ルールを追加します。
これで、プレイヤーがやられたらゲームオーバーになるプログラムができました。

5 音楽を流してみよう

もっとゲームらしくアレンジしたいときは、音楽や効果音を追加してみましょう。

1 音を追加したいスプライトをえらび❶、「音」のタブを開きます❷。左下の「音を選ぶ」というスピーカーのアイコンをクリックします❸。

2 音ライブラリーが開きます。「カテゴリー」からループをクリックします❶。ループする音楽だけ表示されます。好きな音を選びます❷。

🖊 マウスカーソルを近づけると、どんな音なのかを聞くことができます。

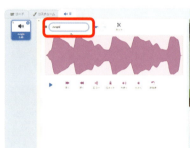

3 ライブラリから音を追加できました。

🖊 コスチュームと同じように、左図の部分から、名前を変えることができます。

> **ヒント** ゲームで流れる音楽はバックミュージックやBGMと呼びます。

4 のイベントを追加してプログラミングしてみましょう。これでBGMが流れるようになりました。

ポイント

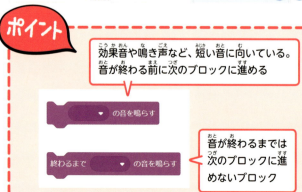

効果音や鳴き声など、短い音に向いている。音が終わる前に次のブロックに進める

音が終わるまでは次のブロックに進めないブロック

このとき、「○○の音を鳴らす」と「終わるまで○○の音を鳴らす」のブロックを間違わないようにしましょう。
「○○の音を鳴らす」のブロックを使うと、曲が終わる前につぎつぎと新しい音が鳴ってしまい、ノイズのような音になってしまいます。

ポイント イベントを分けるのはどうして？

「○○キーが押されたとき」のイベントはつながったブロックが全部終わるまで、あたらしいキー入力を受け付けてくれません。

左のように、ずっとブロックを組み合わせてしまうとプログラムが終わらないので、スペースキーがきかなくなってしまうのです。

ポイント アレンジでよくあるトラブル

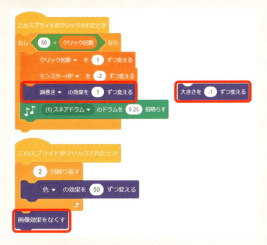

■ほかの効果を使ってみたいけど、ブロックを追加しても変わらない

Q 「大きさを -1 ずつ変える」のブロックの代わりに「渦巻きの効果を 1 ずつ変える」にしたんだけど、ぜんぜん動かない！

A 「攻撃したときにモンスターを光らせるプログラムのあと、「画像効果をなくす」のブロックを使っているので元に戻ってしまいます。
「画像効果をなくす」を使わずに「○○の効果を 0 にする」のブロックを使って効果を消すようにすれば、他の効果はそのまま残ります。

また、「効果を○ずつ変える」の数が小さいと、あまり変化しないので変わっているかどうかがわからないこともあります。

数をかえながら、どのくらいがちょうどいいか試してみましょう。

ゲームをリセットしたときのプログラムに「画像効果をなくす」をいれておきましょう。

■攻撃力を変えたら、ゲームオーバーにならなくなった

Q モンスターの攻撃力の数字を変えたらゲームオーバーにならなくなった。

A ゲームオーバーの条件が「プレイヤーHPが0のとき」なのでたとえば-15ずつ減らしているなら、HPが10のときに-15すると、HPが0ではなく-5になってしまいます。ゲームオーバーの条件も、変えてあげましょう。

「プレイヤーのHPが0より小さいとき」のように条件を変えてあげましょう。

5章

あちこちに出てくるゆうれいをたいじ「キャッチアゴースト」

いろいろなところに出てくるゆうれいを
クリックでたいじしよう。
ランダムにあらわれるゆうれいで
ゲームをむずかしくします。

用意しよう

インターネットからプロジェクトをダウンロードしてプログラムしてみよう！

1 必要な材料をそろえよう

オバケや背景のイラストを、ScratchのWebサイトにアップロードしてあります。これを使ってゲームを作ってみましょう。まず、プロジェクトのある場所にアクセスします。

1 ブラウザのアドレスバーに
https://scratch.mit.edu/projects/280551759/
と入力してアクセスします。
キャッチアゴーストという名前のプロジェクトページがひらきます❶。
「中を見る」のボタンで編集画面を開きましょう❷。

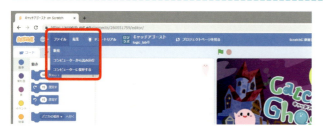

2 コード編集画面が開きます。
左上のファイルメニューから「コンピューターに保存する」というメニューをクリックしダウンロードします。

🖊 4-1と同じ方法で、保存・利用します。

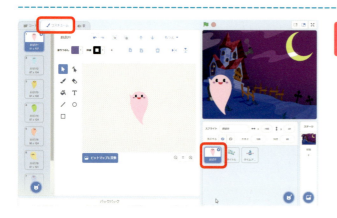

3 スプライトリストの中から「おばけ」のスプライトをクリックして「コスチューム」のタブをクリックします。8種類のオバケのコスチュームが入っています。それぞれ好きな絵に描きかえることができます。

2 ゲームが常に同じ状態で始まるようにしよう

ゲームのオープニング部分を作っていきましょう。オバケが色々なところにあらわれるゲームなので、ゲームが始まるときに、元の場所に戻してあげなければいけません。

この座標は、オバケを置いた場所によってかわります。

1 ステージのオバケをドラッグで好きな場所に移動させましょう。
オバケの場所が変わると `x座標を●、y座標を●にする` の座標も変わります。
このブロックで、左のようにプログラムしましょう。この座標がゲームがはじまったときにオバケが話しかけてくる場所になります。

選ぶ❶

組み合わせる❷

2 好きなおばけにセリフをしゃべらせてみましょう。

のブロックでコスチュームを選びます❶。
つぎに `こんにちは！と 2 秒言う` のブロックを使って好きなセリフを考えましょう❷。

3 幽霊をクリックしたらスコアが加算されるようにしよう

クリック❶

入力して組み合わせる❷

1 スコアをつけるために「変数」を作りましょう。
「変数」カテゴリの `変数を作る` のボタンをクリックして「スコア」という名前で変数を作ります❶。
ゲームが始まるときに、変数の中身を0にリセットしておきます❷。

「おばけがクリックされたとき」にスコアを加算したいので「このスプライトがクリックされたとき」でクリックされたときにスコアが増えるよう組み合わせます❶。その後、「キャッチ▼の音を鳴らす」を追加します❷。

✏️ スコアアップのほかに、音を鳴らしたり光らせたり、おばけをつかまえた時の演出を考えて追加しています。

コラム　キャラクターのコスチュームを変更しよう

コスチューム画面の左下にある猫のアイコンから、コスチュームを追加できます❶❷❸。
また、いらないコスチュームは、コスチュームをクリックすると出てくる「×」ボタンで消すことができます❹。

5-2 ゲームに時間制限を加えよう

制限時間をつけてゲームにメリハリをだそう。

ゲームの始まりができたら、次はどうやったらゲームが終わるのか？を考えてみましょう。3章・4章では、条件を満たした時にゲームクリア！というゲームの作り方でしたが、今回は「ゲーム中にどんな操作をしても、時間が来たら終わり」を試してみましょう。

1 タイマーの始まりと終わりを設定しよう

Scratch には時間をはかってくれる「タイマー」があらかじめ用意されています。調べるブロックのなかの タイマー 変数に、タイマーがリセットされてからの秒数が入っています。

1 タイマーは、▶ がクリックされたときにリセットされますが、おばけが話をしている時にもタイマーが進んでしまうので、 タイマーをリセット を使って、左のようにゲーム開始の時にタイマーが始まるように設定してあげましょう。

ヒント 制限時間をつけることで、ゲームをプレイする人がその時間だけに集中して遊ぶことができるので、ゲームにメリハリが生まれます。また「制限時間内にどれだけスコアアップできたか」という目標が生まれるので、ゲームを何度もプレイしたくなります。

2 制限時間を決めるために「演算ブロック」を使いましょう。
左のように、タイマーと演算ブロックを組み合わせて、条件のブロックに入る形にします。

◆ ここで設定する数が、制限時間（秒数）になります。

2 タイマーと「まで繰り返す」ブロックを合体しよう

今までは「条件」を追加するときには「もしブロック」を使っていましたね。今回はべつのブロックで、タイマーを使った条件を作ってみましょう。

❶組み合わせる

1 イベントブロックの「まで繰り返す」を使い、左のように演算ブロックとタイマーを組み合わせます❶。

✎ このブロックは、◇の中の条件を満たすと繰り返しが終わるブロックです。〈タイマー > 30〉のブロックと組み合わせると、タイマーが30（30秒）をこえたときに繰り返しが終わるようになります。このブロックの中に、ゲーム中にだけ実行したいプログラムを組んでいきます。

ポイント 「まで繰り返す」のブロック

■「まで繰り返す」だと、終わったら次に進むことができる

終わればループの外に出られる

ループの中からずっと出られない

「ずっとブロック」で囲まれている「もしブロック」は、ゲーム中ずっと「もし～なら」の判定をしなければいけません。「まで繰り返すブロック」は、「ずっとブロック」と同じ 繰り返しのブロックですが、条件によってループ（繰り返し）をやめることができるので繰り返しをしたい場面・繰り返しをしたくない場面での使い分けができるのが特徴です。

■ゲームの流れがわかりやすい

初期化→ゲーム中→ゲームクリアというように一本道のプログラムができるので、自分から見ても他の人から見ても分かりやすくなります。
プログラムは、色々な組み方ができるので、自分の好みや、他の人が読みやすいようにまた、プログラムが無駄な動きをしないようになど、どんなプログラムが最適かを考えながら組むことができます。

5-3 予想できない動きをさせよう

予想できない動きで、遊ぶ人を楽しませよう

オバケがどこから出てくるかが、あらかじめわかっていたら、あまり面白くありませんよね。いろんな場所にオバケが現れるようにプログラムしてみましょう。サイコロの目のように、「どんな数字が出るかわからない」数のことを「乱数」と言います。「ランダム」と言うこともあります。プログラミングではこれで予想できない動きを作ります。

1 乱数で予想できない動きをつくろう

乱数を使うには、「演算」カテゴリの中の のブロックを使います。

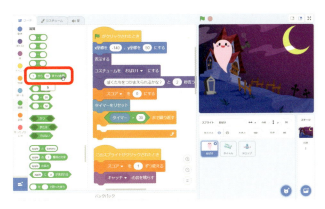

1 乱数のブロックをクリックするとフキダシの中に数字が表示されます。クリックするたびに数字が変わります。このように「乱数」のブロックを使うと、つぎにどんな数字がでるのか誰にもわからないプログラムができます。

> 🖊 この数字の部分には好きな数字を入れることができるので、もっと大きな数でランダムな数字を作ることもできますし、マイナスの数字や、小数点を使うこともできます。

クリックごとに別の数字が表示される

2 オバケの出現場所をランダムにするには？

「動き」カテゴリの「どこかの場所 ▼ へ行く」を使うとオバケをステージ上のランダムな場所に移動させることができます。

「マウスポインターへ行く」も選べる

1 数字を自由に変えてランダムな場所に移動させるには、「x座標を◯、y座標を◯にする」を使います。

そして、ランダムにするために「乱数」のブロックも用意しましょう。
x座標（ヨコ）の幅を -200 から 200 まで
y座標（タテ）の幅を -130 から 130 まで
に設定して、ブロックを左のように組み合わせてみましょう。

組み合わせる

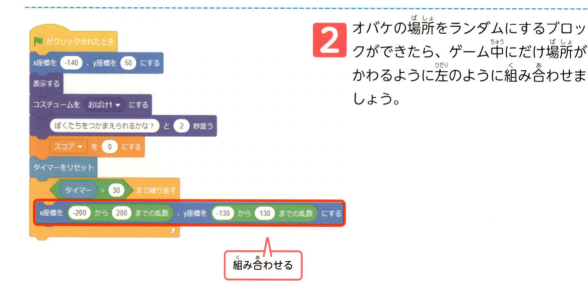

2 オバケの場所をランダムにするブロックができたら、ゲーム中にだけ場所がかわるように左のように組み合わせましょう。

組み合わせる

どこかの場所ではダメ？

オバケがステージのはしに出てしまう

どこかの場所へいくブロックを何度かクリックしてみましょう。すると、オバケがステージのはしに隠れて少ししか見えなくなってしまうことがあります。
これでは、オバケをつかまえられませんね。
ステージのサイズは、
x座標（ヨコ）が-240から240まで、
y座標（タテ）が-180から180まで、
あります。

おばけのお腹が座標の中心点なので、ステージのはしにくるときれてしまう

どこかの場所 ▼ へ行く　のブロックは、ステージのサイズに合わせてランダムで場所を変えてくれますが、ステージのサイズにあわせてしまうとたとえば（x -240・y -180）の座標にオバケが移動したときに、ほとんど見えなくなってしまいます。
プログラムでオバケが移動できる場所をすこし狭くして、オバケがステージの外に出ないようにしてみましょう。

3 コスチュームをランダムに変えよう

オバケのコスチュームは、1から8まであります。このオバケたちもランダムでどのオバケが出てくるかわからないようにしてみましょう。

コスチュームリストを見ると、それぞれのオバケの左上に数字が書かれています。
これを「コスチューム番号」と呼びます。

「コスチュームを○○にする」のブロックにはコスチューム番号は出てきませんが
乱数のブロックを組み合わせることで、コスチュームをランダムにすることができます。

109

入力❷

コードエリアにドラッグしておく❶

1 まず「コスチュームを○○にする」のブロックと「乱数」のブロックを取り出します❶。乱数の数字は、コスチューム番号とおなじ1から8までの数字を入れましょう❷。

💡コスチュームの数を変えているときは、コスチューム数にあわせて乱数の数も変えましょう

ドラッグして組み合わせる

2 コスチューム名のところに乱数のブロックをドラッグして組み合わせます。一見組み合わせできそうにないブロックですが、可能です。

ドラッグ

3 組み合わせたブロックを、ゲーム中にコスチュームがかわるようにプログラムに組み込みます。
これで、いろんなオバケがいろんな場所に現れるようになります。

速すぎてプレイできない

4 🚩をクリックしてゲームをスタートさせてみましょう。色々なオバケがすごく速いスピードで現れたり消えたりします。とてもクリックできる速さではありません。ゆっくり現れて、ゆっくり消えていくようなプログラムにしてみましょう。

5-4 オバケを半とうめいにしよう

ホンモノのオバケのように、すけて見えるオバケにしてみようステージの中をふわふわと現れたり消えたりするよ

オバケの出てくる場所や見た目がランダムになって、少しゲームらしくなってきたのでゆっくりになるようになおしつつ、オバケらしい演出も考えてみましょう。

1 見た目ブロック「幽霊」の効果を使ってみよう

オバケを半とうめいにしたいときには見た目ブロックの「○○の効果を○ずつ変える」のブロックを使います。

1  の▼ボタンを押して「幽霊」の効果を選びます❶。
このブロックをクリックしてみましょう。すると、クリックするたびにオバケがどんどん透明になっていきます❷。
幽霊の効果が100になると完全に透明になって姿が見えなくなります。
見えなくなったオバケは 画像効果をなくす のブロックをクリックすると元に戻ります。

オバケがだんだん消えていくようにプログラムしてみましょう。

2 「10回繰り返す」のブロックと組み合わせると幽霊の効果が少しずつプラスされていきます。
10回繰り返したときに効果が100になるように「幽霊の効果を10ずつ変える」にします。

3 ブロックを組み合わせたら、このブロックをクリックします❶。オバケがすうっと消えていきます。

このままだと消えっぱなしになってしまうので次はだんだん現れるようにしてみましょう。

4 幽霊の効果を10回繰り返すブロックをもう一つ用意してつなげましょう。
このとき、幽霊の効果を-10ずつ変えるように入力します❶。
このブロックをクリックしてみると、消えたオバケがまた現れるようになりました❷。

🖊「-10」と入力することで幽霊の効果を引き算しています。

5 ゲーム中にオバケが消えたり現れたりするように、**3**で作ったブロックを左のように組み合わせてみましょう。
これで、ゲーム中にオバケがゆっくり現れたり消えたりするようになりました。

ヒント

オバケをふわふわさせたいときは

幽霊の効果を変えるときに、一緒にy座標も変えてみましょう。左のように組み合わせると、オバケがフワフワするようになります。数字は自由に変えてアレンジしてみましょう。プラスした数と同じ数だけ減らすように気を付けましょうね。

5-5 ゲームが終わったらテロップを出そう

ゲームが終わったら、プレイヤーに分かるようにテロップ（お知らせ）がでるようにしよう。

「ゲームが終わった」ことを時間制のゲームでは伝えなくてはいけません。ゲーム中とゲーム後のメリハリをつけるために、テロップを出してわかりやすく終わりを知らせるようにプログラムしてみましょう。

1 自分の好きなタイミングでイベントを実行できる

32秒後にテロップを表示する例

テロップのプログラムを左のようにしたらどうなるでしょうか？
ゲームが終わるのが何秒後かということをあらかじめ計っておき、「○秒待つ」ブロックを使って表示する方法です。この方法も間違いではありません。
ステージが増えた時、セリフが増えた時には、その全部の時間を計りなおさなければなりません。めんどうだし、いろいろ問題が出てきそうですね。

メッセージ関連のブロック

秒数ではなくゲームが終わったタイミングで、他のスプライトを表示させたいときには「メッセージ1を送る」のブロックを使います。
このブロックを、ゲームが終わったタイミングで使うと、秒数を計らなくても、ゲームが終わったことを知らせることができます。

「○○のとき」にイベントを始めることができるブロックがあります。
「イベント」カテゴリの「メッセージ1を受け取ったとき」のブロックです。
メッセージを受け取ったときに、このブロックにつながっているプログラムが動くようになります。

113

ポイント 「メッセージ」って何？

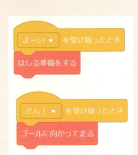

「メッセージ」とは、かけっこの時の「かけ声」のようなものです。
かけっこで「よーい」と言われたら皆さんは「走る準備」をしますよね？そして「どん！」と言われたら「ゴールに向かって走る」ように決まっています。
メッセージもこれと同じです。キャラクターにかけ声をかけて、同じタイミングで色々な動きをさせることができるのです。

2 メッセージを送って、受け取ってみよう

新しいメッセージを作って送ります。

1 イベントカテゴリの中の メッセージ1▼ を送る をドラッグし❶、▼ボタンを押し❷、「新しいメッセージ」をクリックします❸。

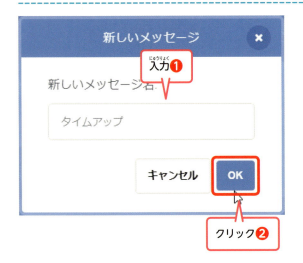

2 新しいメッセージを作るウィンドウが現れます。今回は「タイムアップ」という名前のメッセージにします。名前を入力して❶、OK をクリックします❷。

💡 メッセージ名は好きな名前でかまいませんが、どんなイベントなのか分かるようにつけましょう。

3 メッセージができたら、ゲームが終わったところに <タイムアップ▼ を送る> を組み合わせてみましょう。タイムアップのときはオバケを隠しておきます。
これで、ゲームが終わったときにメッセージを送る部分ができました。

組み合わせる

---

4 メッセージを受け取る部分を作りましょう。
「テロップ」のスプライトをクリックします❶。ゲームが始まったときはあらかじめ「隠す」ブロックで隠しておきます❷。
タイムアップのメッセージを受け取ったときに「表示する」ブロックで表示します❸。

組み合わせる❷
組み合わせる❸
クリック❶

💡「タイムアップ」のメッセージを受け取ったら「テロップ」のスプライトを表示したいので、「テロップ」のスプライトにプログラムします。

---

5 「表示する」に続けて、すーっと幽霊のように消える演出（フェードアウト）をプログラムします。

💡旗をクリックしてきちんとテロップがでるか確認してみましょう。

オバケと同じように「幽霊の効果」をくりかえして、ゆっくりと透明にしよう

5-6 オバケごとに得点を変えてみよう

コスチュームナンバーを使いこなせればクリックされたのがどのオバケか、知ることができるよ

クリックするとスコアが2倍になるオバケや、逆にスコアがへってしまうげん点オバケなど、いろんなオバケの設定を考えてみましょう。

1 コスチュームナンバーがわかるブロック

「見た目」カテゴリーをいちばん下までスクロールしてみましょう。「コスチュームの番号」というブロックがありますね。このブロックをクリックすると、フキダシに今のオバケのコスチュームの番号（ここでは1）が出てきました。このブロックを使うと「このスプライトの今のコスチュームの番号」を知ることができます。

調べるカテゴリの中にも同じようなブロックがあります。
「x座標」と書かれたところの▼をクリックするとメニューの中からコスチューム番号を選ぶことができます。
このブロックもクリックするとフキダシにコスチュームの番号が出てきます。

調べるブロック

調べるブロックは、自分以外のスプライトのステータス（じょうたい）を調べられます。左側の「ステージ」と書かれたところの▼をクリックするとメニューの中から、他のスプライトやステージを選べます。

2 コスチュームによってちがうプログラムを組んでみよう

コスチュームによって、スコアが増えたりへったりするようにプログラムしてみましょう。

1 2つの条件を作ります。
1つめの条件は「もしコスチュームナンバーが8より小さいなら」です❶。
2つめの条件は「もしコスチュームナンバーが8なら」です❷。
コスチュームナンバー8は大きいオバケ、それ以外は小さいオバケのときですね。

🖉 記号をまちがえないように注意しよう

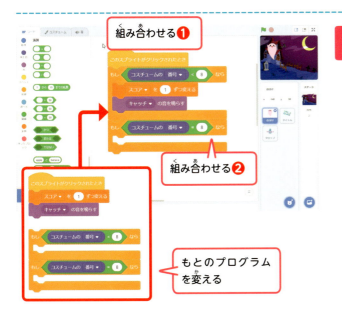

2 条件が2つできたら、左のように「このスプライトがクリックされたとき」のプログラムに組み合わせてみましょう❶。
小さいオバケのときは、スコアをプラスするので「コスチュームナンバー＃＜8なら」の条件の中にスコアを1ずつ変えるのブロックが入るようにします❷。

3 大きいオバケをクリックしたときのプログラムも追加しましょう。「コスチュームの番号=8なら」の条件の中に左のようにプログラムしてみましょう。

組み合わせる

🖋 大きいオバケの時はスコアを減らしたいので「スコアを-2ずつ変える」というようにします。

クリック

4 🏁をクリックして、動きを確認しましょう。大きいオバケをクリックするとスコアが減るようになりましたね。
これでゲームは完成です。おうちの人と遊んでみましょう。

🖋 ステージにスコアが出ていない時は、スコアのチェックボックスにチェックを入れて確認します。

コラム 大きな画面で遊んでみよう

右上の ⛶ のアイコンをクリックします。するとパソコンのディスプレイのサイズにあわせて一番大きいサイズでゲームが表示されました。

元の画面にもどしたいときは右上の ⛶ のアイコンをクリックします。

ヒント　それぞれのオバケでスコアを変えてみよう

「もしコスチュームの番号が○○なら」という条件をいくつも組み合わせることで、色々なスコアのバリエーションを作ることができるよ。

スコアを2倍にしたいなら、こんなブロックを組み合わせてみよう。
＊は×と同じ意味で掛け算に使うよ。

タイマをリセットして時間延長してくれるオバケもできるね。

5-7 作ったゲームをアレンジしよう

いろんなステージを追加したり、むずかしさを変えてみたり自分の思い通りのゲームになるように改造してみよう

1 ステージを増やしてみよう

ステージ1が終わったら、ステージ2がはじまるように、ステージを増やしてみましょう。ステージを増やしたいときはScratchの「ステージ」に背景を追加し見た目を調整、「メッセージ」を使って難易度を調整します。
スタート画面、ステージ1、ステージ2、スコア画面とゲームが進行するように作ります。

1 背景を追加するには画面右下の「ステージ」をクリックして❶「背景」のタブを選びます❷。

📝 ステージ2用の画像があらかじめ用意されています。もしも、ほかの背景を使いたいときは「背景を選ぶ」のボタンで好きな背景を追加します。

2 オバケのコードを開き「○○を受け取ったとき」のブロックをドラッグし、▼ボタンをクリックして「新しいメッセージ」をクリックします。
「ステージ1」のメッセージを作ってみましょう。

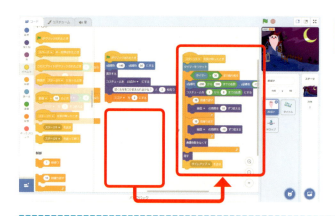

3 「ステージ1を受け取った時」のブロックに、ステージがはじまったときのプログラムを移動しましょう。
これで、ステージ1ができました。

4 ゲームが始まる時のセリフ❶と、ステージ1が始まる時のセリフ❷をいれ、大きさを100％にします❸。
ステージ1とステージ2でむずかしさを変えるために、ステージ1のほうは、オバケのでるスピードを「0.25秒まつ」でゆっくりにします❹。

5 ステージ1と同じように、「ステージ2」のメッセージも作りましょう。❶と同じようにメッセージを作ったら、ステージ1と同じプログラムを組み合わせます。

ステージ1のブロックを右クリックして「複製」するとかんたんにコピーできるよ。

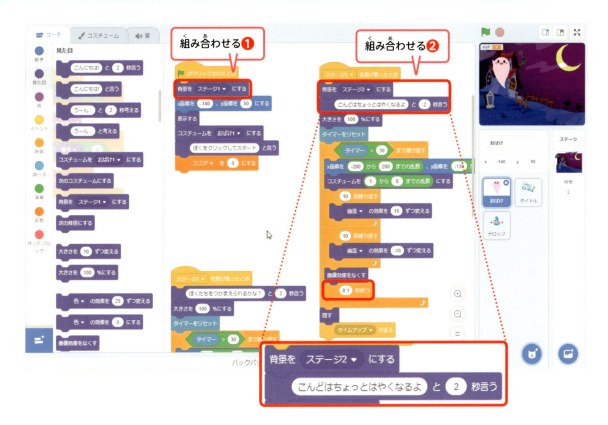

6 背景が変わるように、「背景を○○にする」のブロックを追加しましょう。

まずスタート時（旗をクリックしたとき）に背景が「ステージ1」になるようにします❶。続いて「ステージ2」のメッセージを受け取ったら、背景が「ステージ2」になるように組み合わせます❷。セリフをかえたり、オバケの出てくるスピードをはやくしたり、ステージ1と違う所をプログラムしましょう。

これで、ステージ1とステージ2ができました。同じ方法でステージのコードをコピーしてカスタマイズすれば、カンタンにステージをふやせますね。

ポイント 旗が押されたときは「背景がステージ1」、ステージ2を受け取ったときは「背景がステージ2」になるように設定しておきましょう。

コラム　メッセージをつかってステージ管理をしよう

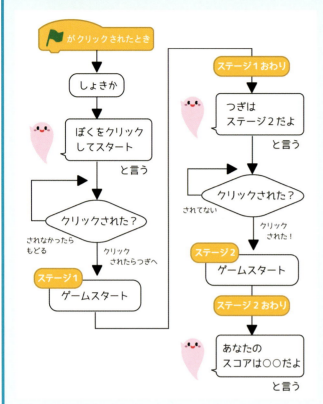

メッセージは色々なところにかけ声をかけることができたり、処理別にプログラムをまとめたりできる便利な機能です。

その反面、プログラムがあっちこっちにできてしまうので、今どのプログラムが動いているのかがわかりにくくなってしまいます。

そこで、プログラムする人がまよわないように、プログラムの動きの設計図＜フロー＞を作ってみましょう。

左は、旗がクリックされてから、ステージ１・ステージ２・エンディングまでの流れを書いた設計図の例です。矢印の方向にプログラムがすすんでいきます。

設計図を書くと、同じプログラムや似たようなプログラムがあることに気付いたり、ちがう方法でプログラムできないかな？と考えるきっかけになったりもします。設計図は、自分の考えをまとめるためのものなので、どんな書き方をしてもかまいません。

2 自分でタイトルをきめてつくってみよう

1 タイトルの画像は、あらかじめ用意されていますが、タイトルを変えたい時はスプライトの「タイトル」をクリックして❶「コスチューム」のタブを開きます❷。「描く」のアイコンをクリックします❸。新しいコスチュームが追加されました。

2 ツール一覧から、「T」のアイコンをクリックして文字入力モードにします❶。
上がわのフォントリストから好きなフォントを選びましょう❷。

ヒント
ベクターって？
ベクターで描かれた絵は、拡大してもぼやけたりせず、きれいな状態で表示されるよ

3 キャンバスをクリックして、好きな文字を入力しましょう。
エンターキーで改行もできます。

ヒント
文字の角度を変えるには、同じように文字を選択ツールでクリックして文字の下にある回転マークをドラッグすると、好きな角度に変えることができます。

4 文字の大きさを変えるには、ツール一覧から のアイコンをクリックして選択モードのします❶。

文字をクリックすると、文字が選択できます❷。枠のカドをドラッグすると拡大縮小ができます❸。

> 拡大は大きくすること、縮小は小さくすること。

> 新しいタイトルができたら、コスチュームをわかりやすい名前に変えておきましょう。

5 「コード」タブをクリックして、タイトルが現れるようにプログラムしてみましょう❶❷。これでゲームスタート時にタイトルが表示できます。

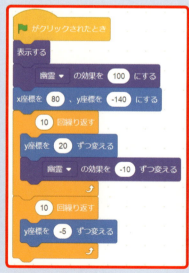

「表示する」だけでもいいですが左のようにプログラムすると、タイトルがピョコっと現れるようになります。

オープニングから、ステージ1に進むためのボタンを作りましょう。今回はオバケをボタンの代わりにします。

6 ボタンっぽくするためにマウスにさわった時だけ少し大きくなるようにしてみましょう。

`マウスのポインター▼に触れた` でおばけに❶プログラムします❷。

これで、オバケがマウスにさわっている時はすこしだけ大きく、マウスにさわっていない時は、ふつうのサイズになります❸。

「旗がクリックされたとき」のコードにオバケがボタンになるプログラムを追加してみましょう。

これだけではオバケをクリックしても何もおこらないので、クリックしたらステージ1がはじまるようにしましょう。

7 調べるブロックの `マウスが押された` を使って、「もしマウスが押されたら、ステージ1のメッセージを送る」というブロックを作りましょう。

8 **7**で作った「もしマウスが押されたら～」のブロックを、「マウスポインターに触れたなら」の中に入れましょう。これで、ボタンの部分ができあがりました。

> 🏷 こうすると、「オバケにマウスポインターが触れている時にマウスが押されたら」というプログラムになります。

組み合わせる

🏰 おうちの人と読んでね

このように「もし」の中に「もし」が入っていることを、「入れ子」や「ネスト」と言います。いくつもの条件を組み合わせる方法のひとつです。

ステージ1が始まった時は、タイトル画像はもう使わないので、隠しておきましょう。

9 「タイトル」をクリックしてコードを切り替えます❶。「ステージ1を受け取ったら隠す」プログラムを追加します❷。

クリック❶

組み合わせる❷

3 オバケの動きを調せつしよう

このままゲームをあそんでみると……ステージ1がはじまっても、オバケにマウスがあたると大きくなってしまいます。メッセージを送ったあとも、「ずっと」のプログラムが動き続けているからです。

メッセージを送ったあとも動き続けてしまう

組み合わせる❷

1 「ずっと」のプログラムを止めるためには「制御」カテゴリの「止める」ブロックを使います。
▼ボタンを押して「このスクリプト」を選びましょう❶。「止めるこのスクリプト」ブロックを「ステージ1を送る」のあとに組み合わせます❷。スタートボタンからステージ1へ進むプログラムが完成です。

> 「すべてを止める」にすると、ゲームが止まってしまいます。

4 ゲームの始め方の調せつ

クリックすると、こっちのクリックイベントも動いてしまう

ただし、このままだとステージ1へ進むボタン（オバケのスプライト）を押すと、スコアが加算されてしまいます。
「このスプライトがクリックされたとき」はクリックイベントなので、ゲームの流れに関係なくクリックされると実行されてしまうのです。スタートボタンのときには、クリックされても点数が入らない工夫がいりますね。

「ボタンにしているオバケは、大きさが変わっている」ことに注目して「大きさが120より小さい時だけ」点数がかわるようにしてみましょう。

組み合わせる

1 見た目ブロックの「大きさ」で、「もし大きさが120より小さいなら」というブロックを作ります。

> 「スクリプト」とはプログラム、あるいはプログラムの一部分のことです。ここではブロックでつながったプログラムのかたまりのことです。

2 ブロックができたら、「このスプライトがクリックされたとき」のプログラムに組み込んでみましょう。スコアが上がったり下がったりする部分を「もし大きさが120より小さいなら」のブロックで囲むようにします。
「もし」ブロックが入れ子の状態になり、2つの条件がそろうと点数が増えたりへったりするようになりました。

組み合わせる

ポイント

「止める このスクリプト」が入っているコードだけが止まる

こっちは動いたまま

「止める このスクリプト」ブロックを使うと、このブロックにつながっているプログラムだけを止めることができます。ほかのコードは動き続けているので、ゲームが止まってしまうことはありません。

5 ステージの終わりをつくろう

1 新しいメッセージで「ステージ1おわり」のメッセージを作って、ステージ2へ進むための準備をしましょう。

2 出たり消えたりするオバケをきちんと「表示する」で出してあげましょう❶。
セリフをいう時の場所や、コスチュームを選んで、好きなセリフをしゃべらせましょう❷。

3 「タイムアップを送る」のあとに、「ステージ1終わり」のメッセージを送ります。

◆ この段階で試しに動かしてみるとタイムアップが出たあとすぐに、オバケが話しだしてしまいます。タイムアップの演出が終わったあとで「ステージ1おわり」のイベントが始まるようにしたいですね。

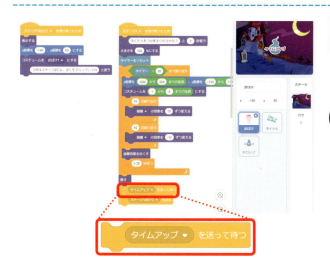

4 「タイムアップを送る」のブロックを「タイムアップを送って待つ」のブロックにいれかえます。

ポイント このブロックを使うと、タイムアップの演出が終わってから、次のブロックに進むようになります。

5 「タイムアップ」から「ステージ1おわり」のイベントに進めるようになったら、ここでもオバケのスタートボタンを用意します。125ページを複製して使いましょう。
125ページと同じ仕組みですが、クリックされたときに「ステージ2を送る」のメッセージを使って、ステージ2に進めるようにしておきましょう。

6 ステージ2が終わったときのイベントも用意しましょう。
「ステージ2終わりを受け取ったとき」のメッセージを作り、置いておきます。
そして、「ステージ2を受け取ったとき」のイベントの一番最後に「ステージ2おわりを送る」のブロックを追加します。

7 オバケの場所やコスチュームを決めておきます。

つぎに、オバケにスコアをしゃべらせてみましょう。変数からスコアを教えてあげます。

8 変数をセリフに使いたい時は、演算ブロックの りんご と バナナ を使います。これは文字と文字をつなぎ合わせるためのブロックです。これを組み合わせます。
スコア変数の中の数字とセリフを組み合わせた言葉が、フキダシに表示されます。

文字を組み合わせるブロックは、下のようにいくつも組み合わせて使うこともできます

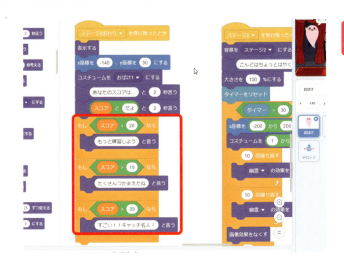

9 左のようにスコアが変わるとセリフもかわるようにアレンジしてみましょう。これでオバケのプログラムは完成です。ステージが追加された状態で遊んでみましょう。

コラム　オリジナルのアイデアでさらにアレンジしてみよう

■出てくるオバケの大きさをランダムにしてみよう

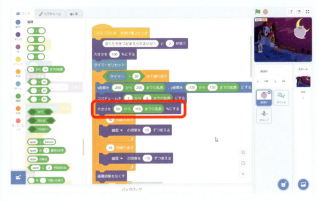

オバケの出てくる速さをかえたり、オバケの大きさを変えることで、ゲームのむずかしさを変化させることができます。
オバケの大きさをランダムにするには、「乱数」を使って、左のようにプログラムします。オバケの大きさをどれくらいにするかは、ゲームをあそびながら調節してみましょう。

■幽霊以外の効果を使ってみよう

「幽霊」の効果以外にも、色々な効果をためしてみましょう。
たとえば、「ピクセル化」の効果を使って左のようにプログラムすると、モザイクがかかったような効果になって現れます。「魚眼レンズ」もオバケが膨らんだようにみえるので面白いですね。

ステージに音楽を設定しよう

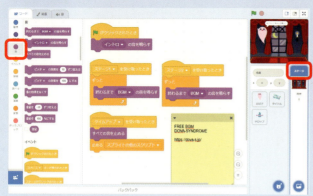

スプライト以外に、ステージにもプログラムすることができます。ステージのプログラムに、変数をまとめる人もいますし、物語の流れをまとめるのに使う人もいます。今回はバックミュージックのプログラムをステージにまとめてみましょう。

「ステージ」と書かれた所をクリックして、ステージのコード編集画面を開きます。ここからステージに音楽を追加できます。

6章

タイピング練習もデキる「カーズタイピング」

マウスでゲームを楽しんできました。
ここではキーボードを使った
タイピングをやってみましょう。
キーボード入力をScratchでどうするかを
学ぶと他のゲームでも
キーボードを使えるようになります。

6-1 用意しよう

インターネットからプロジェクトをダウンロードして
プログラムしてみよう！

1 必要な材料をそろえよう

まずは Scratch のサイトからプロジェクトをダウンロードしましょう。

1 ブラウザのアドレスバーに
https://scratch.mit.edu/projects/127090261/
と入力してアクセスします。
カーズタイピングという名前のプロジェクトが開きます。4-1 と同じ手順でダウンロードしましょう。

おうちの人と読んでね

キーボードで文字を打つ、タイピングはパソコンを自在にあつかうために欠かせない技術です。

プロジェクトの中には こんなステージやスプライトが 入っています。

ステージ	ステージには背景が1つ入っています。ここで変数を初期化したり残り時間を計ったりします。
A	クルマには、それぞれタイピングさせたい文字がついています。この文字が押されたらスコアアップします。
テロップ	タイトルやゲームスタートの文字を出すためのテロップです。ゲームの今の状態をわかりやすくします。
スコアボード	残り時間やスコアの変数をステージに置くためのボードです。
ボタン_easy	ゲームのむずかしさを選ぶためのボタンが3種類あります。ボタンが押されたらゲームスタートします。

2 ダウンロードした画像をScratchにとりこんでみよう

Scratchは自分でとった写真や、自分で描いた絵、インターネットの素材サイトからダウンロードした画像などをとりこんで使うことができます。
今回はインターネットからダウンロードした画像を、ゲームにとりこんでみましょう。

1 ブラウザのアドレス欄に
https://gihyo.jp/book/2019/978-4-7741-9816-3/support
と入力してアクセスします。

ポイント インターネットの画像は自由に使えるものや使うのにきょかが必要なものなどいろいろあります。

2 開いたページから、「M.svg」を「右クリック」します。
右クリックしたメニューの中から「名前を付けてリンク先を保存」や「対象をファイルに保存」などファイルの保存するものをクリックします。

3 「名前を付けて保存」のウィンドウが開きます。わかりやすい場所に保存しましょう。
ファイル名のところに、文字の名前などのわかりやすい名前をつけましょう❶。「保存」ボタンを押すと保存できます❷。

🖊 どこに保存していいかわからないときは「デスクトップ」に保存してみましょう。ウィンドウが出てこないときは「ダウンロード」に保存されているかもしれません。

4 保存ができたら、プロジェクトにとりこみます。
「カーズタイピング.sb3」のプロジェクトを開いて、スプライトをアップロードをクリックします。

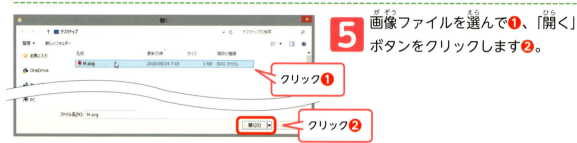

5 画像ファイルを選んで❶、「開く」ボタンをクリックします❷。

6 スプライトリストの最後に、新しいスプライトが追加されました。

ヒント

スプライト名は、ファイル名と同じ名前になります。変更したい時はスプライトのテキストボックスに新しい名前を入力しましょう。

🏰 おうちの人と読んでね

タイピングはパソコンを使う上でとても重要なスキルです。最初は難しいかもしれませんが、やればやるほど上達します。本書ではまずキーボードになれるという意味で簡単なアルファベットの入力のみを取り上げました。

6-2 ステージにクルマを走らせよう

ステージを動きまわるクルマを作ろう。クルマのスプライトにプログラムを作るよ。

1 クルマをステージに配置しよう

1 クルマが走る場所を決めます。ステージの上のクルマをドラッグして好きなレーン（道の列）に置きましょう。

✏️ あまりクルマが多いと見えなくなってしまうので、1つのレーンにつき2～3台くらいにします。

ヒント

レーンによってクルマの向きをかえたい時はスプライトリストの向きをクリックして、向きと回転の種類を変えましょう。下のブロックをクリックすることでも向きと回転方法を変えることができます。

向きをかえると、クルマの文字も鏡でみたときのように反転します。反対向きにしたい時は、左右対称の文字を使います。（AHIMOTUVWXY）どうしてもほかの文字を左向きに動かしたい時は、コスチューム編集画面の ▶️ アイコンで、クルマを反転してあげましょう。

2 ステージのクルマの位置や見方を考えよう

1 クルマがでてくるタイミングをバラバラにするために「○秒待つ」のブロックと、乱数を使って左のようにプログラムしてみましょう。
これをすべてのクルマのキャラクター（スプライト）に行います。

🔖 コードをスプライトにドラッグしてコピーできるよ。146ページも見てね。

つぎにクルマの重なる順番を決めましょう。一番手前を1レーン、一番奥を4レーンとして設定します。手前から1レーン、2レーン、3レーン、4レーンとします。

2 1レーンを走るクルマに左のようにプログラムしてみましょう。その他の1レーンのクルマについても同様にプログラムしていきます。

🔖 見た目カテゴリの 最前面▼へ移動する を使うと、重なる順番を一番前にすることができます。

組み合わせる
1レーンを走るクルマにプログラムする

赤いクルマに注目！
どの順番にいても、一番前に出てきます

3 2レーンを走るクルマには左のように をプログラムしてみましょう。3レーンはそのままです。

2レーン

組み合わせる

赤いクルマに注目！

 →

「1層奥に下げる」を使うと、1つ奥に移動します。

→

「1層手前に出す」を使うと、1つ手前に移動します。

4 4レーンを走るクルマに左のようにプログラムしてみましょう。「最前面へ移動する」の▼ボタンをクリックして「最背面」を選びます。

入力

4レーン

組み合わせる

🖊「最背面へ移動する」ブロックで、表示の順番を一番後ろにすることができます。

🖊3レーンのクルマは**1**のまま、特にプログラムしません。

ヒント

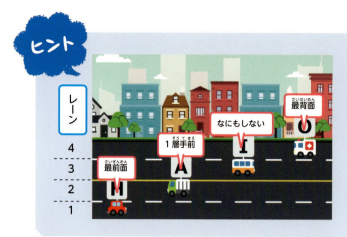

スプライトは増えたりへったりするので「前から何番目」のように決めることができません。「手前に出す」か「奥に下げる」で思いどおりの順番で表示できるように、練習しておきましょう。

ポイント ○層手前に出すのブロックが、よくわからない時は

「○層手前に出す」のブロックを使いたくないときはステージのクルマをドラッグすると、重なり順が一番前になるので、ドラッグで順番をかえても OK です。

3 クルマの出現場所を決める

1 クルマがどこから出てくるかを決めましょう。

ブロックリストにおかれている「x座標を○、y座標を○にする」のブロックは、**クルマが今いる場所の座標**が入っています。これを使います。

2「x座標を○、y座標を○にする」ブロックを組み合わせたら、「x座標（ヨコの場所）」だけを変更します。これによってレーン（タテ）は変わらずにクルマのヨコの場所だけ変えます。

🖉 画面の左端は -240　画面の右端は 240 です。

🖉 このクルマは右を向いているので、左端から登場させましょう。「x座標を -240」にします。

140

3 「○歩動かす」のブロックで、クルマを動かしましょう❶❷。10歩だと速すぎるので5歩くらいにします。

📝 このプログラムは失敗例です。他のプログラムに入力するのは少し待ちましょう。

4 クルマを動かす

これで ▶ をクリックして動かしてみましょう。すると、クルマが画面のはじに登場したまま、止まってしまいます。これは「5 歩動かす」で5歩動いても「ずっと」ブロックの繰り返しの中なので、すぐにまた「x座標を -240、y座標を -135 にする」に戻って位置が戻ってしまうからです。このため進んでいたはずが元の場所に戻る繰り返しで止まって見えます。

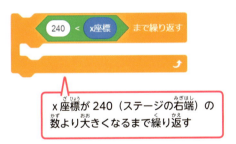

1 「5 歩動かす」のブロックだけを繰り返したいときは、キャッチアゴーストでも使った「まで繰り返す」のブロックを使ってみましょう。
左のように演算ブロックを組み合わせます。

2 ❶でつくった繰り返すのブロックを、「ずっとブロック」の中に入れます。
画面の右端までクルマが移動するまでは「5 歩動かす」のブロックが動き続け画面の右端に到着したら、消えるようになります。
すべての右向きのクルマに同じようにプログラムします。

左向きに走るクルマをプログラムしてみよう

画面の左端から右端まで走るクルマができたら、反対向きのクルマもプログラムしてみましょう。

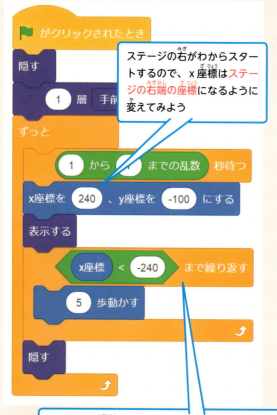

ステージの右がわからスタートするので、x座標は**ステージの右端の座標**になるように変えてみよう

クルマを左向きに走らせる時は、ちゃんとクルマが左（-90度の方向）を向いているか確認しよう

ステージの左端についたら終わりなので、**x座標がステージの左端の座標よりも小さくなった時**が、繰り返しを終わらせる条件になるよ。
この部分を変えてみよう

6-3 クルマがタイピングで消えるようにしよう

クルマを移動できるようになりました。今度はタイピングに合わせてクルマが消えるようにしましょう。

1 タイピングされたかどうかをはんだんしよう

モンスタークリッカーでイベントブロックの を使って、キーが押されたときをイベントにしましたね。
これを使ってアルファベットが押されたときに反応するブロックを作りましょう。

見やすいように前のページのブロックを隠しています

1 クルマのスプライトをクリックして選択します❶。＜スペースキーが押されたとき＞をドラッグして❷、▼ボタンを押してクルマに書かれたアルファベットと同じキーを選びましょう❸。

> ✏️ ここでは「H」なので小文字の「h」。クルマと同じキーを選びます。

これで、「クルマのアルファベットと同じキーが押されたとき」に反応するブロックができました。

> **ポイント**
> キーを選ぶ部分は小文字になっているので間違えないように気をつけよう（bとd・pとq・iとlなど）。

2 スコアをつけるための変数を作りましょう。
「変数」カテゴリーの中の 変数を作る のボタンをクリックして❶、「スコア」という変数を作り❷、左のようにプログラムしてみましょう❸。

2 クルマがいるときだけタイピングに反応させよう

この状態で ▶ を押して試してみると、Hキーをもつクルマが、ステージに出てきていない時でも、キーを押すとスコアが増えてしまいます。クルマがステージにいるときだけ、スコアアップするようにしましょう。

コラム クルマがいることを知るには

「クルマがステージにいるとき」を知るには、クルマの座標を使います。
ステージの x 座標は -240 から 240 までです。クルマの座標が「x 座標 > -240」かつ「x 座標 < 240」のときにステージにいるということができます。
今回は、クルマが進む方向が決まっていて、x 座標が -240 より小さくなることはありません。「x 座標 < 240 のとき」という条件だけをつかいます。

これで、ステージ内にいるときだけスコアアップするようになります。

1 ステージから右方向に出た時を示す と、「もし〜ならでなければ」を使ってプログラムします。タイピングしてステージにいるときはスコアを足して、ステージにいないときはスコアをへらしています。

🍀 ステージにいないとき点数をへらすのはタイピングを間違っているのと同じことだからです。

ポイント 今回は y 座標をかえないので、条件のなかに y 座標を入れていませんが、ゲームによっては y 座標の条件も必要になります。
y 座標を使ったステージ内にいるときの条件は y > -180　かつ　y < 180 のときです。

ヒント 条件に合っていたらこっち合っていなければこっちというように、2パターンのプログラムをすることができるブロックです。

3 タイピングが成功したときだけクルマを止めよう

ステージ内にいるかどうかが分かるようになったので、タイピングに成功したときにクルマを見えなくしましょう。

1 タイピングが成功したとき「隠す」のブロックで見えなくします。
🏁 を押して動きを確認してみると、クルマが見えなくなった後も、スコアアップしてしまいます。
「隠す」ブロックは、すがたは消してくれますが、座標を動かしてはいません。
x座標＜240 の条件はクリアしているのでスコアがプラスされてしまいますね。

見えないけれどステージ内にいる

2 正しいキーが押されたときにステージの外に出してあげるプログラムを入れます。
これで、なんどもスコアアップすることがなくなりました。
ここまでのプログラムをすべてのクルマのスプライトに反映します。

ポイント 反対向きの車は「x座標＞-240 なら」「x座標を-240 にする」というように条件が変わります。

コラム　コードをほかのスプライトにコピーしたいときは？

キャッチアゴーストで、右クリック→複製の方法でコードをコピーする方法を紹介しましたが、ほかのスプライトにも、コードをコピーすることができます。

まず、コピーしたいコードをマウスで持ち上げます。

つぎに、スプライトリストの中に、貼り付けたいコードをドラッグします。

ドラッグしたさきのコード画面を開くと左上にコピーされているのがわかります。もしなければ、他のスプライトに入ってしまっているかもしれないので確認しましょう。
すでにあるコードと重なってしまっていることがあるので、ドラッグして動かしましょう。
コピーはバグが出やすいので、コピーしたあとは、キーの名前や座標などを忘れずに変更・確認しましょう！

6-4 タイトルやスタートの合図を表示しよう

タイトルやレディ・スタートなどのテロップを表示して
ゲームらしさをだしてみよう。

1 ゲームの始まりにタイトルを表示しよう

「テロップ」というスプライトの中には「タイトル」「レディ」「スタート」「タイムアップ」の4つのコスチュームが入っています。
このスプライトを使って、ゲームが始まったときのタイトルなどを表示してみましょう。

1 スプライトエリアの「テロップ」をクリックします❶。タイトルを出す場所を決めましょう。
ステージにタイトルが現れたら、タイトルを出したい場所にドラッグで移動させましょう❷。

◆ ステージにタイトルが見えていない時は見た目ブロックの 表示する のブロックをクリックして、見えるようにします。

2 場所が決まったら「x座標を○、y座標を○にする」のブロックを使って、表示する場所をプログラムします。

スプライトの今いる座標が入っているので、このままドラッグして使う

◆ このブロックに入る座標は、スプライトの場所によって変わるので、中の数字は左の通りにしないように気をつけましょう。

3 座標が決まったら、左のようにプログラムして、コスチュームを「タイトル」にして表示します。

←組み合わせる

テロップの見せ方を考えよう

このままでもいいですが、タイトルの出し方を工夫してアレンジしてみるのもいいですね。
たとえば左のようにすると、タイトルがぐるっと1回転して表示されます。
1周360度なので10で割ると36度です。
2回転させたい時は36*2=72度ですね

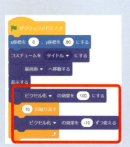

ほかにも、色・幽霊・ピクセル化などの効果を使ってみたり…
大きくする・小さくする なども
カンタンにできます。

ピクセル化をつかった例です
モザイクがだんだん取れていくようにみえます。

こんなふうにすると
小さいタイトルがだんだん大きくなります。

回転と大きさを変えるプログラムを組み合わせても面白いですね。

2 コスチュームを変えて始まりの合図を出そう

最初に追加したテロップはゲームタイトルのほかにコスチュームの切りかえでゲームの始まりや終わりを示すのにも使えます。「レディ」「スタート」でゲームスタート画面を作りましょう。

🏰 **おうちの人と読んでね**

> 機能や場面ごとにプログラムを分けておくと、動きがおかしくなったときに、どこがおかしいかを見つけやすくなりますし、ゲームに機能を追加したい時にもカンタンに追加することができます。

1 イベントブロックの「メッセージ1を送る」のブロックの▼ボタンをクリックして「新しいメッセージ」をクリックし❶「ゲームスタート」のメッセージを作ります❷。

2 ゲームスタートのメッセージを、左のように組み合わせましょう。
タイトルを1秒間表示したあと、ゲームスタートになります。

3 ゲームスタートを受け取ったときプレイヤーに準備させるために、**1**でつくったブロックを使って「レディ」のコスチュームにして1秒待ちます。

4 「レディ」で準備したら、ゲームを始めてもらいます。
1秒待って、コスチュームを「スタート」にします❶。
ゲーム開始後は、テロップはいりません。1秒間表示したら隠しておきます❷。

149

3 スタートの合図から、タイピングできるようにしよう

ゲームの始まりを演出できるようになりましたが、今のままだと「レディ」と表示されている間もゲームがプレイできてしまいます。「スタート」が表示されるまではタイピングしても反映されないようにしましょう。テロップのコスチューム名によって動かせるか動かせないかをはんだんするとできそうです。

1 テロップのコスチューム名は「調べるブロック」で知ることができます（5-6を見てね）。
▼ボタンを押して、左がわを「テロップ」❶、右がわを「コスチューム名」にします❷。

2 もしブロックと組み合わせてみましょう。
演算ブロックを使って、左のように「もしテロップのコスチューム名がスタートなら」という条件を作ります。

🖊 スタートの文字は「ｽﾀｰﾄ」のように半角文字になったり、スペースが入ってしまわないように注意しましょう。

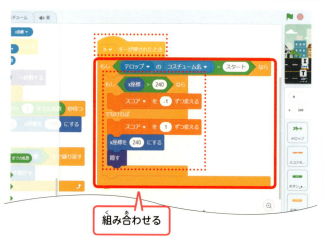

3 条件のブロックを、左のように組み合わせてみましょう。
これで、スタートの合図がでるまではスコアが増えたり減ったりしなくなりましたね。

🖊 ここではいままで作った「h」キーが押されたときのプログラムに **2** で作ったプログラムをくっつけています。お手本も見て確認してください。

150

組み合わせる

4 ゲームスタートのときの設定を行います。
タイピングがはじまるときに、一度場所をリセットするようにします。
同じプログラムを他のすべてのクルマにも行います。

> 🖋 左向きに走るクルマは出てくる場所が右がわになるので、x座標が-240になるようにしましょう。
>
> ゲームスタート▼ を受け取ったとき
> x座標を -240 にする
> 隠す

6-5 スコアと制限時間を表示しよう

ステージにスコアボードを用意して、スコアや制限時間がわかるようにしよう。

1 ステージにスコアボードを表示しよう

モンスタークリッカーやキャッチアゴーストでも、ステージにスコアを表示していましたが 文字が書かれているだけで、ちょっとそっけないイメージでしたよね。今回は、スコアボードを作って、その上にかっこよく変数を表示させてみましょう。

1 「スコアボード」のスプライトをクリックします❶。
タイトル画面では、スコアボードを隠します。ゲームが始まったらスコアボードを表示します❷❸。

2 タイマーとスコアを表示したいので「変数」カテゴリーの 変数を作る のボタンをクリックして残り時間を表示するための変数「のこりじかん」を作りましょう（4-3も見てね）。

3 変数ができたら、変数のヨコのチェックボックスにチェックを入れて❶、ステージに表示させましょう❷。

4 このままだと文字がジャマなので消してしまいましょう。

ステージにある変数を右クリックして❶「大きな表示」というメニューをクリックします❷。「大きな表示」にすると変数名が消えて変数の中身だけが表示されるようになります。

5 ステージの変数をドラッグして、スコアボードの上に置きましょう。

> ステージの変数をダブルクリックすることでも表示方法が変わるよ

6 もうひとつの変数（スコア）も、**4**と**5**と同じ方法で大きな表示に切り替えて、スコアボードの上に置きましょう。

ポイント　タイマー変数とスコア変数を間違えないように置きましょう。

7 変数の表示は、プログラムできりかえることができます。

左のように、スコアボードの表示にあわせて、変数の表示もきりかえましょう。ここでは ▶ をクリックしたとき（「レディ」の画面）ではスコアを隠し、「スタート」が表示されたらスコアを表示しています。

2 ステージにもプログラムしてみよう

スコアや残り時間を管理するのは、どのスプライトでもできますが、スプライトが多くなると、どの変数をどこで管理しているのか分からなくなることがよくあります。変数はなるべく一つのところ（ステージやスプライト）で管理すると、あとからプログラムする時にもすぐにわかりますね。今回は「ステージ」で変数の準備をしてみましょう。

1 スプライトリストの右の「ステージ」をクリックします❶。
「コード」のタブをクリックしてコード編集画面を開きましょう❷。

2 プログラムしてみましょう。
スコアは0から増えていくので、はじめは変数は0に設定します。
残り時間にはゲームの秒数を入れましょう。
例として30秒に設定します。

> 数字は「半角」で入力しよう。全角だとうまくうごかないよ。

3 ステージにゲームの制限時間を数えるプログラムを作ります。
「タイピングスタート」というメッセージを受け取ったら、残り時間がへっていくようにプログラムしてみましょう（5-8も見てね）。

4 タイマーではなく、変数で残り時間を計ります。

「まで繰り返す」のブロックを使って、「のこりじかん」が1より小さくなるまで（0になるまで）繰り返すようにプログラムします。

5 「のこりじかんを -1 ずつかえる」で「のこりじかん」をへらします❶。

このブロックだけだと、あっというまにゲームが終わってしまうので、「1秒待つ」で1秒を計ってから、残り時間をへらします❷。

組み合わせる❶❷

6 「のこりじかん」が0になったら、繰り返しブロックの外に出ます。ここで「タイムアップ」のメッセージを送ってゲーム終了をあらわします。

「○○を送る」のブロックの▼ボタンから新しいメッセージを作り、「タイムアップを送る」のブロックを作り、左のように組み合わせます。

組み合わせる

3 タイピングスタートのメッセージを送る

これで、タイピングスタートから、タイムアップまでの流れをプログラムすることができました。次は、どのタイミングでタイピングスタートのメッセージを送るかを決めましょう。

1️⃣ タイピングスタートのタイミングがわかりやすいのは、テロップのプログラムです。
「コスチュームをスタートにする」がタイピングをはじめるタイミングなので、ここに、「タイピングスタートを送る」のブロックを入れましょう❶❷。

2️⃣ 残り時間が0になると、「タイムアップのメッセージ」が送られてきます。これを受け取って、テロップを出すプログラムも追加しましょう。
左のように、タイムアップを受け取ったら、コスチュームをタイムアップにして表示しましょう。

ポイント

メッセージは1回送るだけで、すべてのスプライトとステージで受け取ることができるので、どのメッセージがどこで受け取っているかを探すのが大変なときがあります。
キャッチアゴーストでもやったように、メッセージを使うときは、プログラムのながれをメモしておくようにすると、あとからプログラムを手直しするときに役立ちます。
このゲームは進み方が少し複雑なので、どこでゲームが始まったか・終わったかなどを表示したいですね。テロップで表現しましょう。

6-6 作ったゲームをアレンジしよう

むずかしさを変えたり、タイピングできる
文字をふやしたり、自分の好きなようにアレンジしてみよう

1 むずかしさを選ぶボタンを作ろう

3種類のボタンを置いて、プレイヤーが自由にむずかしさを選べるようにしてみましょう。
難易度（むずかしさ）を示すボタンのスプライトにプログラムして動かします。

1 ここまで使いませんでしたがこのゲームにはあらかじめ3つのボタン（スプライト）が用意されています。
「EASY」「MEDIUM」「HARD」のスプライトをそれぞれクリックし❶、「表示する」ブロックで表示します❷。

2 「EASY」をクリックし、「x座標を○、y座標を○にする」で、スプライトがはじめに出てくる場所をプログラムします。

組み合わせる

3 表示したあとは「ずっと最前面へ移動する」ようにします。

💭 これはクルマのスプライトがボタンの前に来てしまうのをふせぐためです。

組み合わせる

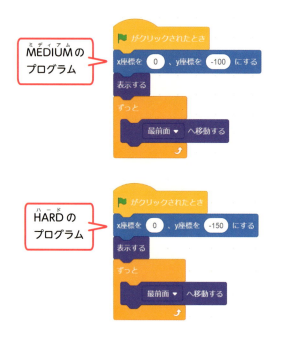

4 「MEDIUM」「HARD」ボタンにも **2 3** と同じようにプログラムします。

> **ヒント** 座標が違うので、それぞれの動きカテゴリの中から「x座標を○、y座標を○にする」のブロックを取り出して使いましょう。

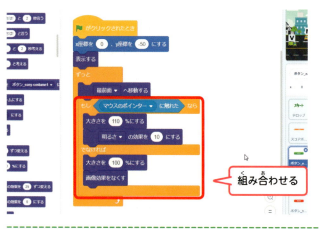

5 どのボタンが選ばれているかをわかりやすくするために、「マウスポインターに触れた」ときだけ、ボタンを少し大きくしてみましょう。
明るさもかえると、よりいっそうわかりやすくなりますね。
3つのボタンすべてにプログラムします。

組み合わせる

6 ボタンが押されたときにクルマの速さを変えられるようにステージに「くるまのはやさ」という名前の変数を作り、組み合わせます。

✏️ くるまのはやさはどこで設定してもいいですが、今回はステージで変数をまとめて設定してあるので、そこに組み込んでいます。

✏️ くるまのはやさは「EASY」の設定の速さにあわせておきます。

7 ボタンが押されたら、「くるまのはやさ」が変わるようにしましょう。
「EASY」ボタンに、左のようにプログラムします❶❷。
ボタンが押されたらゲームスタートのメッセージを送って、スタートさせましょう❸。
同じように「MEDIUM」「HARD」もプログラムします。❶❷❸のうち❷だけ「EASY」とはちがい、くるまのはやさをEASY・MEDIUM・HARDで変えます。
EASYは5・MEDIUMは10・HARDは15にしておきます。

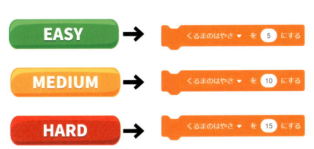

8 ほかのボタンが押されたときにも、ボタンが隠れるように「ゲームスタートを受け取ったとき」に隠れるようにプログラムしておきましょう。

9 ボタンを押した時にスタートするように変更したので、テロップのコードの中にある「ゲームスタートを送る」のコードはいらなくなります。このメッセージは外しておきましょう❶❷。

🏁を押して、むずかしさを選ぶボタンを押してみましょう。
すると、ゲームは始まりますが、車のスピードはどのむずかしさにしても変わりません。
まだ変数を作って値を変えただけで、クルマのスピードが変わるようにプログラムしていないからです。

10 クルマのプログラムをひらいて「5歩動かす」のブロックに `くるまのはやさ` 変数を組み合わせてみましょう。これによって、「くるまのはやさ」が10なら10歩、15なら15歩動くようになります。つまりスピードが難易度で変わるようになりました。
ほかのクルマにも同じようにプログラムしましょう。

これで、それぞれのボタンで設定した速さが、クルマに反映されるようになりました。
クルマが速すぎると感じるときは「くるまのはやさ」変数の数を少なくして、ちょうどいいスピードに調節しましょう。

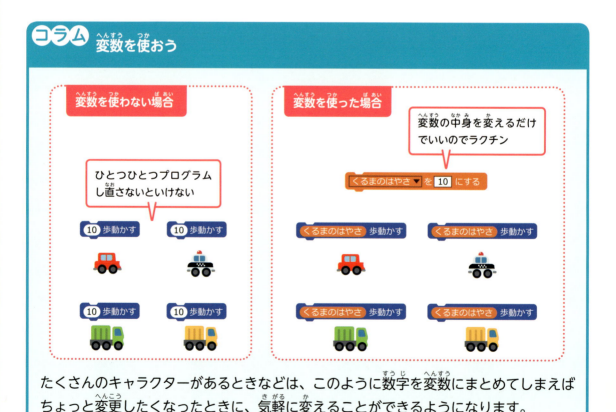

たくさんのキャラクターがあるときなどは、このように数字を変数にまとめてしまえばちょっと変更したくなったときに、気軽に変えることができるようになります。

コラム　タイピングできる文字を増やしたいときは

スプライトを新しく追加することでも、増やすことができますが、スプライトをそのままコピーして文字を変えることもできます。

1 増やしたいクルマをスプライトリストの中から選び、「右クリック」します。
右クリックメニューの中に「複製」というメニューがあります。クリックしてみましょう。

コードも一緒にコピーされる

2 するとスプライトリストの一番最後に、スプライトのコピーが現れます。
コスチュームだけでなく、コードや音などすべてがコピーされます。

3 「コスチューム」のタブを開いて、コスチュームを自由に変えてみましょう。
文字を変えるには、▶「選択ツール」でコスチューム編集画面のクルマをクリックします。クルマを選んだら、メニューの中から「グループ解除」というボタンをクリックしましょう。グループ解除すると、▶「選択ツール」で文字をクリックして選択できるようになります。文字の部分をクリックして選択し「Delete キー」を押すと文字が消えます。

4 文字ツールで、好きな文字をかわりに入力しましょう。

5 ▶「選択ツール」で文字をクリックして選択します。

🖊 文字のまわりに現れたワクのカドをドラッグして、大きさを調節しましょう。

🖊 コスチューム名と、スプライト名もちゃんとわかりやすいように変えておきましょう。

6 最後に、コード編集画面から、「○キーが押されたとき」のキーを文字（アルファベット）にあわせて変更しましょう。
ちゃんと動いているかどうか、ゲームで遊んで確認しましょう。

キーを文字にあわせる

コラム　オリジナルのタイピングゲームにしよう

背景やコスチュームをかえて、回転ずしやネズミたたき、モンスターがおそってくるなどオリジナルのタイピングゲームにアレンジしてみましょう。

たとえば、5章で作ったキャッチアゴーストの背景とコスチュームを使えば、カンタンにオバケのタイピングゲームにアレンジすることができますよ。

サンプルは下のアドレスにあります。
https://scratch.mit.edu/projects/280932572/

スプライトはネズミのみ。ステージを縦横無尽に走り回るので、場所を管理する必要がなく、とてもシンプルなタイピングゲームに。

サンプルは下のアドレスにあります。
https://scratch.mit.edu/projects/280931686/

プログラムと音

ゲームの中で音を使いたいときは、拡張機能の音楽から使えるようになる音楽のブロックが便利です。「○の音符を○拍鳴らす」のブロックは最初の数字のところを押すとピアノの鍵盤があらわれます。

使いたい音はこの鍵盤で選んでもいいですし、数字の部分をクリックしてキーボードで数字を入力することもできるので、好きな音を試しながら選んでみましょう。

鍵盤の左右にある、矢印をクリックすると、低い音や高い音を選ぶこともできます。

楽器を変えるブロックで音色をかえることができます。自分でいろいろ試しながら効果音をつくってみましょう。

7章

直感力でほり進めよう 「お宝ホリダー」

1〜25までのパネルをランダムに並べて、
1から順にクリックしていくゲームです。
時間内にどれだけクリックできるか、
たくさんプレイしてスコア（点数）を
あげていきましょう。

用意しよう

インターネットからプロジェクトをダウンロードして
プログラムしてみよう！

1 必要な材料をそろえよう

まずは Scratch のサイトからプロジェクトをダウンロードしましょう。

1 ブラウザのアドレスバーに
https://scratch.mit.edu/projects/280933331/
と入力してアクセスします。
お宝ホリダーという名前のプロジェクトが開きます。4-1 と同じ手順でダウンロードしましょう。

> プロジェクトの中には
> こんなステージやスプライトが
> 入っています。

お宝ゲージ	スコアを表すのに使います。すばやくパネルを消すと、お宝ゲージがたまります。ゲージは 0 から 25 まであります。
パネル	1 から 25 までの数字がかかれたコスチュームが入っています。このパネルをステージにしきつめていきます。
ホリダくん	このゲームのマスコットキャラクターで、特に何もしません。ドリルを動かすアニメーション用のコスチュームが入っています。
ボード	操作説明やお宝を表示するためのコスチュームが入っています。ゲームのじょうきょうにあわせて、きりかえます。
お宝	お宝のコスチュームが 6 種類入っています。ゲームの最後にお宝をゲットできるようにします。

2 キャラクターとパネルを配置しよう

1 ダウンロードした「お宝ホリダー.sb3」のプロジェクトを開いて、ステージのキャラクター（ホリダくん）を好きな場所に移動させましょう。

「表示する」・「隠す」のブロックを使いながら、ボードやお宝ゲージの位置を調節します。

🏷 パネルの場所はあとで変えます

場所が決まったら、ゲームが始まるときにその場所に表示されるようにします。

2 ブロックリストから「x座標を◯、y座標を◯にする」のブロックをとりだして、組み合わせます。もともとの座標を使います。

🏷 キャラクターの場所は、左のプログラムとは違うので注意。

3 ほかのスプライト（ボード・文字・お宝・お宝ゲージ）も同じように、座標をリセットしておきます。
ゲームスタートしたら、xとyの座標が0になるようにします。
ボード・お宝・お宝ゲージはゲームが始まるまでは隠しておきましょう。

ポイント　動かないものでも座標を初期化(リセット)しておこう

Scratchは発表モード（プレイ用の大きな画面）でなくても遊べます。遊んでいるときに、まちがってスプライトをドラッグしてしまうことがよくあります。スプライトが多くなると、位置を何度ももとにもどすのは面倒ですよね。何度も位置をもどさなくてもすむように、ゲームがはじまる時には場所をリセットするプログラムをしておくとラクチンです。

ブロックをカスタマイズしてみよう

オリジナルのブロックを作ることもできるよ。
自分だけのカスタムブロックを使ってみよう。

定義ブロックとは、あらかじめ組み合わせておいたブロックを、まとめてひとつのブロックとして使うことができるブロックです。

■自分でつくったプログラムがいつでも呼び出せる

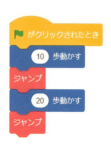
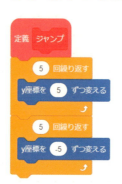

たとえば、「ジャンプ」という定義ブロックを作った場合、左のように、ふだんつかっているブロックと組み合わせて使うことができます。

> 📌 「イベント」ブロックの「メッセージを送って待つ」のブロックと似ていますね。

■なにをしているかが一目でわかる

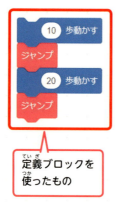

定義ブロックを使ったもの

左のコードは、定義ブロックをつかっていないもの、右のコードは、定義ブロックをつかっているものです。
ふたつのコードはどちらも同じ動きをしますが、右のコードのほうがよみやすく、何をしているプログラムなのかが一目でわかります。

このように、定義ブロックにはおなじ動作をまとめて、プログラムをわかりやすくするなどの利点があるのです。

1 定義ブロックをつかってプログラムしてみよう

ステージに、定義ブロックを作ってみましょう。

1 ステージをクリックして❶ステージのコード編集画面を開きます。「作ったブロック」（「ブロック定義」）カテゴリーを開きます。 ブロックを作る のボタンを押しましょう❷。

✏️ ステージにプログラムします。スプライトではないので注意しましょう。

2 新しいブロックを作るウィンドウが開きます。
ブロックの中に、ブロックにつけたい名前を入力します。今回は「クリックされるまで待つ」という名前にします。OKをクリックします。

✏️ そのブロックが何をするブロックなのかすぐにわかる名前にしましょう。

3 OKボタンを押すと、コード編集画面に「定義：クリックされるまで待つ」というブロックが現れます。
ブロックリストの中にも、「クリックされるまでまつ」のブロックが追加されます。

作るときは「定義」のほうにプログラムし、使うときはブロックリストの中にあるブロックを使います。

このゲームには「スタートボタン」がなく「がめんをクリックしてスタート！」と書いています。その通りにつくってみましょう。画面がクリックされたときまで、ゲームがスタートしないように、定義ブロックを使ってプログラムします。

4 「定義ブロック」に左のようにプログラムします。

5 「▶がクリックされたとき」に「クリックされるまで待つ」のブロックを組み合わせます。
こうすると、定義ブロックで作ったプログラムが、使われます。
メッセージブロックを新しく作り、クリックされたら、ゲームスタート、となるようにメッセージを組み合わせましょう。

ヒント 「マウスが押されるまで待つ」ではダメなの？

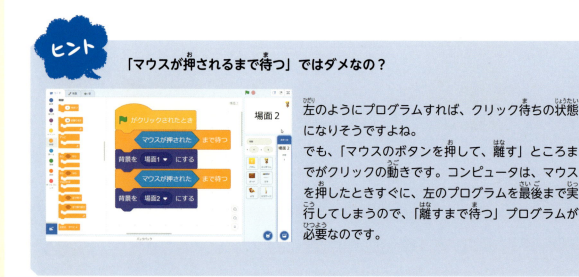

左のようにプログラムすれば、クリック待ちの状態になりそうですよね。
でも、「マウスのボタンを押して、離す」ところまでがクリックの動きです。コンピュータは、マウスを押したときすぐに、左のプログラムを最後まで実行してしまうので、「離すまで待つ」プログラムが必要なのです。

2 ステージのコードを完成させよう

1 パネルの準備をするために、「変数」カテゴリーから新しい変数を作ります。
パネル用の変数の名前は「パネル番号」とします❶。
これを「ゲーム準備を受け取ったとき」にリセットしましょう。パネルは1から始まるので、「パネル番号」を1にします❷。

2 「スコア変数」と「ハイスコア変数」を作ります。
ステージの左上にドラッグしてそれぞれの変数を並べましょう。

3 ▶がクリックされたときに「スコア変数」と「ハイスコア変数」が表示されるようにします。

🔖 パネル番号はゲームで使うパネルの管理に、スコアは現在の得点、ハイスコアは今までのゲームプレイすべての中で一番高かった得点を記録するのに使います。

4 「スコア変数」と「ハイスコア変数」の値を「---」にしておきます❶。

「スコア変数」だけをリセットするようにブロックを組み合わせます❷。

🖊 ハイスコアは、ゲームが終わっても残したままにしておきたいので、🏁 がクリックされたときにはリセットしません。

ゲームスタートを受け取ったら、時間を計ります。ゲームスタートと同時に時間を計りはじめます。6でゲームが終わるときのプログラムを追加します。

5 「タイマーをリセット」します。

ゲームが終わる条件は「パネルを25枚消し終わったとき」です。「パネル番号が25より大きくなるまで繰り返す」のブロックを作って使いましょう。

6 スコア変数に、タイマーの値を入れます。こうすると変数の値がプレイした時間（秒）で変わっていきます。

3 ハイスコアを記録する

1. パネル番号が25より大きくなったらゲームクリアです。このゲームは今までのプレーで一番早くクリアできたものをハイスコアとして記録しています。ハイスコアをつけてみましょう。
「ゲームクリア」のメッセージを作って送ります。ゲームは一端完成です。

2. ゲームが終わったら、ハイスコアだったかどうかを判定するプログラムを作ります。
「ゲームクリアを受け取ったとき」に左のようにプログラムしてみましょう。

◆ ゲームをはじめて遊んだとき、ハイスコアがまだなにもない状態のときは、スコアがそのままハイスコアになりますね。

3. ゲームを2回以上遊んでいるときは、ハイスコア変数は「…」ではありません。以前のハイスコアが記録されているので「今回のスコアがハイスコアよりも少なかったら」ハイスコア更新となります。

パネルをランダムに ならべよう

1から25までのパネルがバラバラの順番になるように ならべてみよう。

このゲームは1から25までのパネルをどれだけすばやくクリックできるか楽しむゲームです。毎回違う順番にならんだ方がゲームを楽しめます。

プログラムでパネルをバラバラの順番にしたいとき、どのようにすればいいでしょうか？

まず思いつくのは、1から25までの乱数のブロックを使って、ランダムな数を作ることです。

■乱数だけではダメ

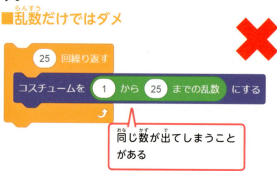

同じ数が出てしまうことがある

左のような乱数のプログラムだと同じ数字が出てきてしまうことがあります。

同じパネルが出てきてしまってはゲームになりません。きちんと25枚のパネルの数が1回ずつ出てくるようにしなければいけません。

■数字を1つずつランダムにならべる

手札の中からランダムに1枚ずつならべていく

どうやって数字が被らないようにならべればいいでしょうか？

実際に、25枚のカードをならべるところを想像してみましょう。まず、手持ちの25枚の中からランダムに1枚を選び、テーブルに置きます。つぎに、24枚になった手持ちのトランプからさらにランダムに1枚を選んでならべます。

こうして最後の1枚がなくなるまで繰り返しトランプを選んでならべていけば、1枚も被ることなく、ランダムにならべられます。

✏️トランプなどで試してみましょう

1 リストを作ってみよう

「リスト」というプログラムでデータをまとめるためのしくみを使ってランダムにならべられるようにします。

1 パネルのコード画面を開いて「変数」カテゴリーの中にある リストを作る のボタンをクリックします。

> **ポイント**
> 「変数」には1つの値しか入れることができませんが「リスト」を使うと、いくつもの値を入れておくことができます。

2 新しいリストを作るウィンドウが現れます。リストの名前を入力して❶「OK」を押します❷。

🖉 リストの名前は「てもちのパネル」にします。

3 「てもちのパネル」という名前のリストができました。

ステージに「てもちのパネル」リストを見ることができるウィンドウが現れます。

そして、リストを操作するためのブロックがブロックリストの中に現れました。

「てもちのパネル」リストに（空）と書かれていますね。これはリストの中がからっぽだということです。「てもちパネル」リストに、数字を追加してみましょう。

4 てもちパネルリストの左下にある⊕ボタンを押します。
リストにテキストボックスが現れます。ここに好きな文字や数字を入れることができます。

5 1行目に「1」と入力して❶、入力らんの外をマウスでクリックします❷。1行目が決定されます。

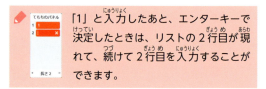

「1」と入力したあと、エンターキーで決定したときは、リストの2行目が現れて、続けて2行目を入力することができます。

コラム ブロックでリストに追加する

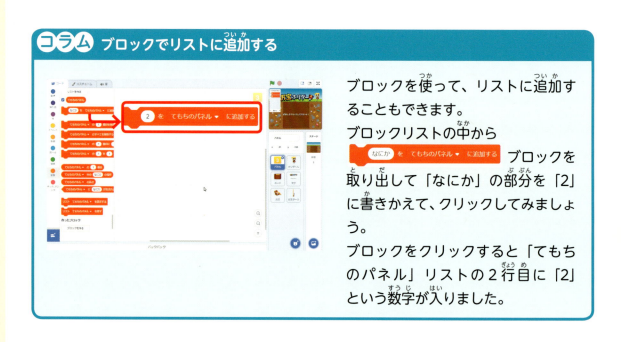

ブロックを使って、リストに追加することもできます。
ブロックリストの中から
「なにか を てもちのパネル ▼ に追加する」ブロックを取り出して「なにか」の部分を「2」に書きかえて、クリックしてみましょう。
ブロックをクリックすると「てもちのパネル」リストの2行目に「2」という数字が入りました。

2 プログラムでリストに数字を順番に入れていこう

リストに1つ1つ数字を入れていくのは大変なので、プログラムで「てもちのパネル」リストに25までの数字を入れてみましょう。

1 ゲーム開始時にリストを一度削除して、毎回ランダムに数字を作るプログラムにします。まずは、リストに入っているこう目を消すために ［てもちのパネル ▼ のすべてを削除する］ のブロックを使います。
「ゲーム準備」のときにパネルをならべたいので、「ゲーム準備を受け取ったとき」のメッセージと組み合わせておきましょう。

2 「i」という変数を作って、左のように組み合わせてみましょう。

🔖 i変数は、何回繰り返したかを数えておくために使う変数です。

3 このままだと「i」の値が変わらないので繰り返しの前に「i を 0 にする」のブロックでリセットして、「25回繰り返す」の中で1ずつ増やすようにしましょう。
これで、1から25までの数字が、「てもちのパネル」リストに入るようになります。

なぜ「i」という名前にするの？

変数はわかりやすい名前をつけるものでしたね。もちろん「カウンター変数」や「ループ変数」という名前にしても OK です。
プログラムの世界では、昔からカウンター（ループの回数を数える）に使う変数には「i」という名前を付けるならわしがあり、ほかの多くの言語でも「i」が使われています。このことを覚えておくと他人のプログラムを見た時にも「i」という変数が使われていたら、ループの回数を数えているんだな、ということがすぐにわかりますね。

4 「ゲーム準備を受け取ったとき」のコードをクリックします。
ステージに表示された「てもちのパネル」リストのなかに、1から25までの数字が入ります。まだランダムではなく1から並んでいます。

リストのスライダーをマウスで上下にドラッグすると、表示されている行も上下に移動するよ

3 カードを並べよう

これで、25枚のてもちパネルが完成しました。
カードにたとえるとまだ手に持っている状態です。これを1枚ずつランダムにステージに並べて遊べるようにします。

パネルは左のように、ヨコに5枚・タテに5枚になるように、プログラムでならべていきます。
25枚のカードからランダムに1枚取り出し、それを左上から1枚ずつ並べるプログラムを作ります。

1 カードを左上から並べ始めます。
左上の座標は「x：-89・y：38」です。
ヨコ向きに5枚ならべるので「5回繰り返す」のブロックも組み合わせましょう。

2 てもちのパネルリストの中から1枚ランダムで選びましょう。
「ランダムな数」という変数を用意します。これでどのカードを手に出すかを決めます。

179

パネルをランダムに取り出す処理をつくります。
手持ちのパネル25枚はリストとしてプログラム中では表されています。リストはトランプの山札、パネルはトランプのカードのようなものだと考えてください。この山札から一枚目隠しして抜き取るとランダムなカード（パネル）が1枚取れて、山札には24枚のカードが残ります。
これを繰り返していけば1から25までのパネルをバラバラに並べていくことができます。まずは山札からバラバラにカードを抜きだすところまでをプログラムしてみましょう。

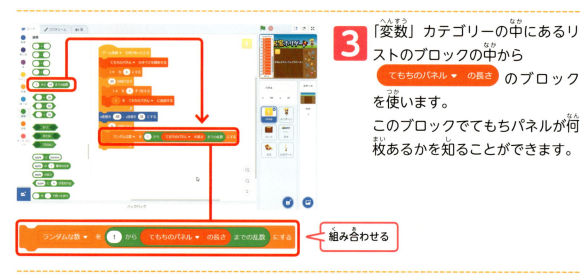

3 「変数」カテゴリーの中にあるリストのブロックの中から　てもちのパネル▼ の長さ　のブロックを使います。

このブロックでてもちパネルが何枚あるかを知ることができます。

組み合わせる

4 てもちパネルから選んだ数字をもとにコスチュームを設定するプログラムをつくります❶。リストの「ランダムな数」番目に入っている数字に、コスチュームを変更するプログラムです。ここではリストの1番目には1、リストの2番目には2の数字が入っているのでランダムな数と同じコスチュームに変更していることになります。

組み合わせる

ランダムな数が「7」なら、リストの7番目の値を見る

リストは「上から何番目？」というふうに中の値を確認します。

🔖 実際に見える形でステージ上にならべるのはこの後181ページからです。

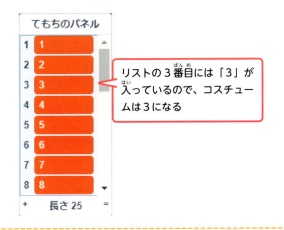

リストの3番目には「3」が入っているので、コスチュームは3になる

4で「ランダムな数」を作ったので、これを使って、リストの「ランダムな数」番目の中の値をみましょう。
たとえばランダムな数が3なら、リストの3番目の値がコスチュームになります。

✏️ この「リストの何番目？」かを表す数字のことを「添え字」と呼びます。

5 コスチュームの準備ができたら、リストの中の値は消します❶。
これで、手持ちパネル（山札）が一枚ずつ減っていくプログラムにできました。

4 クローンでパネルをコピーして並べよう

パネルのスプライトは1つしかないのに、どうやって25枚のパネルを並べればよいでしょうか？Scratchには、スプライトをコピーするための「クローン」というブロックがあります。
「クローン」を使うと、そのスプライトのプログラムやコスチュームを全部コピーして使うことができます。

クローンは分身という意味だよ

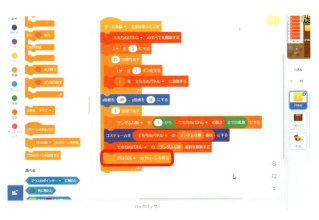

1 「制御」カテゴリーの中の　というブロックを使います。今までのプログラムに組み合わせます。

✏️ このブロックを使うと、「スプライトの今の状態」のクローンを作ることができます。座標や効果も、その時の状態でコピーされます。

❶でクローンを作成しました。これはいままで操作してきたスプライト（キャラクター）と同じようにそれぞれ操作できます。このクローンをプログラムでならべていきます。
クローンは本体と同じ座標に出現します。本体の位置にクローンを作成→本体を動かす→本体の位置にクローンを作成……と繰り返すことでならべられます。

❷ クローンをヨコ向きにならべるために、座標を1パネル分動かします。
「5回繰り返すブロックの中なので」「クローン→右へ動かす→クローン→右へ動かす……」と5回くり返します。1行目が完成しますね。

1行目は作れましたが、これだと本体が1行目にずっといて2行目以降がつくれません。

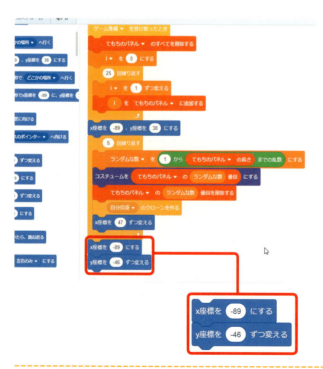

❸ このままでは2行目を作れないので、2行目の位置に移動させましょう。

🖍 1行作り終わったら、次の行に移動するプログラムを作ります。x座標は何行目でも変わりませんが、y座標は何行目かによって座標が変わるのでy座標は「○○ずつ変える」のブロックを使います。

🖍 1行目から2行目だけでなく各行ごとに繰り返し処理できるように工夫しています（手順❹を見てね）。

4 1行作るプログラムを「5回繰り返す」のブロックで囲んで繰り返します。

ヒント
繰り返しで繰り返しを囲むなどブロックが難しくなってきたのでいったん整理しましょう。
1行作るを5回やれば5行作れます。このプログラムは1つの行に5つずつパネルを並べることを、さらに5回繰り返しています。左上から右方向に5つずつならべ、ならべ終えたら次の行ということを繰り返しています。

組み合わせる

ポイント
「ゲーム準備を受け取ったとき」のコードをクリックして、動かしてみましょう。パネルがランダムに25枚並びます。
ただ、本体のスプライトが外に出てしまっています。

5 本体のスプライトは、▶がクリックされたときに隠しておきます。

手順 5 の操作だけだと、本体だけでなくクローンも隠れてしまいます。クローンだけは表示されるようにしましょう。

組み合わせる

6 「制御」カテゴリーの中にある クローンされたとき のブロックを組み合わせます。このブロックを使うと、クローンされたときにどんなことをしてほしいか命令できます。

✏️ クローンされたときに表示するようにプログラムしましょう。

183

7 てもちパネルのリストはチェックを外して、ステージから見えなくしておきましょう。
これで、パネルを並べるプログラムは完成です。

5 パネルがクリックされたら消えるようにしよう

パネルをならべたら、次はパネルがクリックされたら消えるようにしましょう。
クローンされたパネルを消したいので「クローンされたとき」にプログラムしてしまいそうになります。
しかしここは「このスプライトがクリックされたとき」にプログラムします。
クローンは、スプライトの中にある全てのコードがコピーされるので、クリックイベントにも反応してくれます。
つぎに、パネルが消える条件を考えてみましょう。ステージに、「パネル番号を 1 にする」とプログラムしたのを覚えていますか？

パネル番号には「今、パネル番号がいくつか」を知るための数字が入っています。パネルは 1 から消していくので、はじめは 1 が入っていますね。この数字を使いましょう。

1 パネル番号と、クリックされたパネルのコスチュームを比べれば、パネル番号が正解かどうかがわかります。

左のようにプログラムしてみましょう。パネル番号とコスチュームを比較しています。クリックしたパネルが正しいものか調べます。

2 パネル番号とコスチュームが同じなら、正解なので、「パネル番号を1ずつかえる」で次の番号にしましょう。正解のときには、パネルが消えるので「このクローンを削除する」のブロックを使って消してしまいます。

> ✏️ ここまでで、パネルを並べてクリックで順番に消すところまではできましたね。動きを確認して、おかしいところがないかチェックしておきましょう。

ポイント
クローンは「隠す」ではなく「削除」しよう

クローンは絵・プログラム・音など全てをコピーするので、とても動作が重くなります。またクローンできる数も決まっているので、クローンの役目が終わったら（もうゲームで使わなくなったら）必ず削除するようにしましょう。「隠す」ブロックでは、クローンは見えなくなっているだけで消えていないので注意しましょう。

コラム 演出を追加しよう

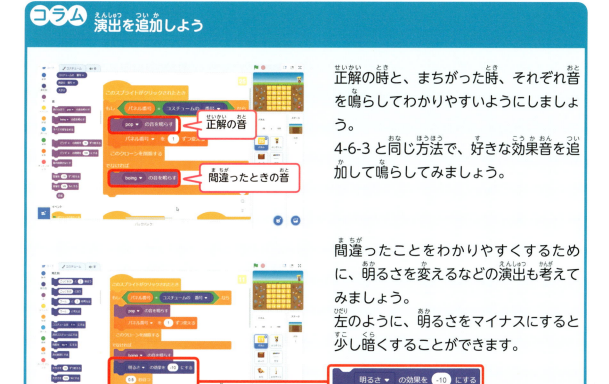

正解の時と、まちがった時、それぞれ音を鳴らしてわかりやすいようにしましょう。
4-6-3 と同じ方法で、好きな効果音を追加して鳴らしてみましょう。

間違ったことをわかりやすくするために、明るさを変えるなどの演出も考えてみましょう。
左のように、明るさをマイナスにすると少し暗くすることができます。

7-4 ルールや得点を表示してわかりやすくしよう

操作説明やテロップをだしてみよう

フクザツなゲームでは、テロップ（お知らせ）や操作説明がないと、遊ぶ人が困ってしまいますよね。友達のよこで自分が説明してあげてもいいですが、オンラインのScratchでゲームを公開するときなどはいろんな人が遊びます。説明をつけておくと分かりやすいですね。

1 そうさせつめいボードを出そう

ボードのコードの中には「そうさせつめい」のコスチュームとお宝を表示するための「おたからボード」のコスチュームが入っています。まずはこれをゲーム開始時に表示するようにします。

1 そうさせつめいのボードを出すタイミングをはかるために「せつめいを受け取ったとき」のメッセージを新しく作っておきます❶❷。

2 メッセージを受け取ったら、操作説明のコスチュームにして、表示します。一番手前に表示したいので 最前面▼ へ移動する も入れておきましょう。

2 ボードを出すタイミングを決めよう

ボードはゲームをはじめてすぐに表示し、ゲームが開始する前準備している段階では隠しておきたいですよね。ゲームの流れを整理してみましょう。
操作説明を表示のところでメッセージを送れば、この流れを実現できそうです。

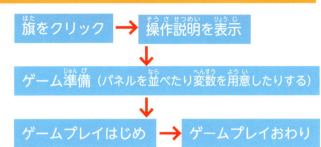

1 「ゲーム準備を受け取ったとき」は「隠す」で見えなくします。

操作説明を表示するタイミングは「ステージ」のコードで設定します。
ゲーム準備の前に、操作説明を入れたいのでクリック待ちと、ゲーム準備のあいだに「せつめい」のメッセージを送りましょう。このメッセージをボードが受け取ります。

2 「ステージ」をクリックして左のようにプログラムしてみましょう。
ボードを表示されたときも、クリックで次へ進めるように「クリックされるまで待つ」のブロックを組み合わせておきます。
これで操作説明が出るようになります。

3 テロップを出そう

このゲームは進み方が少しふくざつなので、どこでゲームが始まったか・終わったかなどを表示したいですね。テロップで表現しましょう。

文字のスプライトの中には左のように、ゲームの場面にあわせたテロップが5つ入っています。
これをメッセージを受け取ったときに処理して出していきましょう。

1 文字をクリックします❶。▶が押されたときは、タイトルを表示したいので、コスチュームを「タイトル」にしましょう。操作説明のボードが出ている時は、タイトルを隠しておきます❷。

2 パネルを並べ始めたら、「レディ」のテロップを表示させましょう❶。
ゲームスタートのときは、「スタート」のコスチュームを表示させます❷。
スタートのテロップが出しっぱなしにならないように、少し待ってから隠しておきます。

3 ゲームが終わったことがわかるように「フィニッシュを受け取ったとき」のメッセージを新しく作り、「フィニッシュ」のコスチュームを表示しましょう。

4 ハイスコアを更新したときのテロップを出すために「ハイスコアを受け取ったとき」のメッセージを新しく作り、「ハイスコア」のコスチュームを表示しましょう。これでテロップ側の準備はできました。

4 テロップのタイミングを決めよう

ステージからコードのためにメッセージを送ります。テロップを出すタイミングを決めましょう。ステージのコード編集画面を開きます。

タイトル・レディ・スタート のタイミングはもう決まっているので、追加する必要はありません。「フィニッシュ」と「ハイスコア」を決めます。

1 ゲームクリアのタイミングで、「フィニッシュ」のテロップを出しましょう。
ここでは、テロップが消えるまで待ってからハイスコアの判定をしたいので「フィニッシュを送って待つ」を追加します。

2 ハイスコアを更新したときだけ、ハイスコアのテロップをだしましょう。これで、全てのテロップが出るようになりました。
🏁 をクリックして、テロップが正しく表示されているか確認しましょう。

5 ゲームの終わりにお宝ボードを出そう

ゲームが終わったら、お宝を表示するためのボードを表示しましょう。

1 ボードのコードを開きます❶。ボードを出すタイミングを決めるために「お宝ボードひょうじを受け取ったとき」のメッセージを作っておきます❷。

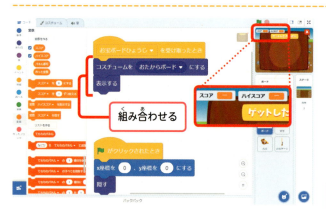

2 コスチュームをお宝ボードにして表示しましょう。
お宝ボードを表示すると、左のように「スコア・ハイスコア」の変数の表示がボードよりも前に来てしまいます。

🖊 変数はいつも一番手前に表示。

3 ボードを表示している時は、変数を隠しておきます。

4 お宝ボードを消す時のタイミングをはかるために「お宝ボードかくす」のメッセージを作って置きましょう。

5 お宝ボードを隠したら、スコアとハイスコアの変数を、ステージに表示するようにします。

6 お宝のスプライトにもプログラムしましょう❶。座標をリセットしたあと隠しておきます❷。

7 お宝のコスチュームは、6つあるので、コスチュームを1から6までのランダムにして表示します。
お宝を追加しているときは、ランダムの数もお宝の数にあわせておきましょう。
お宝ボードよりも手前に表示したいので「前に出す」を入れておきます。

8 お宝ボードを隠すときには、お宝も隠しておきましょう。

組み合わせる

9 ステージのプログラムで、お宝ボードを出すタイミングを決めます。ステージをクリックします❶。
ゲームが終わったあとにお宝を表示したいので、今回は「フィニッシュ」のテロップの後に表示させてみましょう❷。

この部分に追加する❷
クリック❶

10 メッセージで「お宝ボードひょうじ」を送ります。

ここでもクリック待ちをするために、7-2で作っておいた「クリックされるまで待つ」の定義ブロックを使いましょう。

クリックされたあとは、「お宝ボードかくす」のメッセージを送って、お宝ボードを隠します。

ここまでできたら、ひとまず完成です。テロップがきちんと思った通りに表示されるかを、ゲームをあそんで確認しましょう。

定義ブロックは、「作ったブロック」のカテゴリーに入っているよ

7-5 お宝ゲージでゲットできるお宝を変えてみよう

お宝ゲージを追加して、すばやくパネルが消せたらゲージがたまるようにしてみよう。

今のままでも遊べますが、すばやくパネルを消しても、出てくるお宝がランダムなので、あまり良いお宝がでなかったりしてガッカリすることがありますね。「お宝ゲージ」を追加して、すばやくパネルが消せたらいいお宝が出るように、ゲームをアレンジしてみましょう。スコアに応じてプレゼントを変えることでゲームをがんばりたいとプレイヤーに思ってもらえます。

1 お宝ゲージとコスチュームを連動させよう

1 お宝ゲージのコードを開いて❶場所のリセットや、ゲーム準備のプログラムをしましょう。はじめはゲージ0から始まるのでゲーム準備のときにコスチュームを「ゲージ0」に変えておきます❷。

2 つぎに、ゲージがどれくらいたまっているかを保存しておく変数を作りましょう。
名前は「お宝ゲージ」にします。

ポイント ほかのスプライトでもこの変数を使いたいので「すべてのスプライト用」にしておきましょう。

3 ゲームスタートを受け取ったら、お宝ゲージのコスチュームを変えましょう。
「ずっと」で囲むと、ゲームのプレイ中ずっとお宝ゲージとコスチュームが連動するようになります。

組み合わせる

ヒント

コスチュームを「お宝ゲージ+1」にするのはどうして？

`コスチュームを お宝ゲージ にする` のようにすると、コスチューム名ではなく「コスチューム番号」でコスチュームを変えるようになります。

ゲージは0から、コスチューム番号は1から始まっています。このズレを修正するために `コスチュームを お宝ゲージ + 1 にする` のようにしています。

コスチューム名を数字にした場合でも、コスチューム名よりコスチューム番号が優先されます。

変数を使ってコスチューム名で指定したい時は、「りんごとバナナ」のブロックを `コスチュームを ゲージ と お宝ゲージ にする` のように組み合わせると、コスチューム名で指定できます。

4 ゲームクリアしたら、お宝ゲージが変わらなくなります。「ずっと」で連動させているお宝ゲージのプログラムを止めましょう。

組み合わせる

2 すばやくパネルを消せたらゲージが増えるようにしよう

1. どれくらいのスピードでパネルが消せたかを調べるために、「まえのじかん」という名前で変数を作ります。
ほかのスプライトでもこの変数を使いたいので「すべてのスプライト用」にしておきましょう。

2. ステージの、「ゲームスタートを受け取ったとき」のプログラムの中に、タイマーをリセットしているところがありますね。
タイマーをリセットしたときに、「まえのじかん」変数にタイマーの値をセットしておきましょう。

3. お宝ゲージは0から始まるので、「ゲーム準備」のときにリセットしておきましょう。

ヒント

まえのじかんとの差が1秒未満の時はゲージをアップさせる

まえのじかんとの差が1秒以上の時はゲージはアップしない

「まえのじかん」変数は、パネルがクリックされたときのタイマーの値と、比べるためにつかいます。

たとえば、パネル1がクリックされたときに「まえのじかん」と比べて、1秒たっていなければお宝ゲージをアップさせます。

パネルがクリックされたときのタイマーの値を「まえのじかん」変数に保存しておけば、つぎのパネルがクリックされたときにも今のタイマーの値と比べることができます。

タイマーの値と、まえのじかんを比べるにはこのようにブロックを組み合わせます。

4 「パネル」をクリックします❶。「パネル」のコードの中の「このスプライトがクリックされたとき」のプログラムに、左のようにプログラムを追加してみましょう❷。パネル番号が合っているときだけタイマーチェックします。

5 1秒未満でパネルをクリックできていれば「お宝ゲージ」をふやします。

6 つぎのパネルをクリックするまでの時間を計りたいので、このパネルがクリックされたときの時間を、「まえのじかん」変数に入れておきましょう。
これで、お宝ゲージを増やすためのプログラムは完成です。

3 ゲージにあわせてお宝を表示しよう

お宝をクリックして、お宝を表示するプログラムを見てみましょう。
「お宝ボードひょうじ」を受け取ったときにコスチュームを変えていますね。
ここを、「お宝ゲージが○○ならコスチュームを○○にする」というプログラムに変えてみましょう。

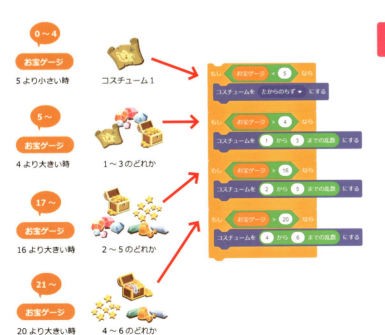

1 お宝ゲージがいくつの時に、どのお宝を表示するかを決めましょう。コスチュームを1つだけにしたいときは、「コスチュームを○○にする」のブロックを使います。
コスチュームをランダムにしたいときは、左のように乱数を組み合わせす。

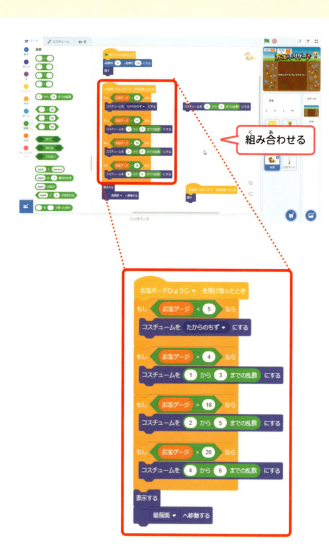

2 お宝の設定が決まったら、「お宝ボードひょうじを受け取ったとき」に組み合わせましょう。

コラム お宝を掘っているキャラクターをうごかしてみよう

ホリダくんのコードをひらき掘っているアニメーションをさせましょう。
ホリダくんはどのスプライトとも連動していないので、自由に動かしてみましょう。
左のプログラムは、その場でドリルを動かすアニメーションをします。

7-6 作ったゲームをアレンジしよう

自分の好きなお宝を増やしてみよう

お宝はいまは6種類しかありませんが、自分の好きなお宝を追加して、もっといろんな種類のお宝が掘り出せるようにしてみましょう。

1 お宝の種類を増やしたい

1 お宝の種類を増やしたいときは、「お宝」のスプライトのコスチュームを増やしましょう。
「コスチュームタブ」を開いて❶新しいコスチュームを追加します❷。

2 「コスチュームを選ぶ」をクリックしお宝に使いたい画像を選んでOKを押します。

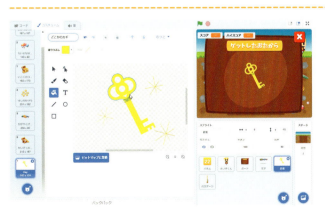

3 コスチュームが追加できたら大きさ・色・角度などを調節します。
コスチュームの名前も好きな名前に変えましょう。

2 お宝の並び順を変えたい

1 お宝のコスチュームは、コスチューム番号が大きいほど良いお宝になります。追加したお宝がどれくらいのレア度なのかを考えて、並び順を変えてみましょう。たとえば、コスチューム番号を4にしたい時はコスチュームをドラッグして、3と4の間でマウスをはなします。

2 3と4の間に、コスチュームが移動して、コスチューム番号も変わります。

お宝が7つにふえたのでここも増える

3 お宝のコスチュームを増やしたら、プログラムも忘れないように変更しましょう。
「コスチュームを○○にする」の部分でちゃんとすべての種類のお宝が登場するかを確認します。

コラム お宝ゲージをたまりやすくするには

お宝ゲージは、1秒より早くパネルがクリックできたかどうかをチェックして、ゲージをふやしていましたよね。パネルのコードの、ここを見てみましょう。
タイマーと前の時間の差が、1より小さければという条件になっています。
この数字が大きくなると、つぎのパネルをクリックするまでの時間が長くなります。この数字を、「1.5」に変えて1.5秒以内にパネルが押せればお宝ゲージがたまるようになります。
あまり長い時間にすると、カンタンすぎるのでゲームを遊びながら調節しましょう。

8章

もっといろんなゲームに
チャレンジしよう

ここまでいろんなゲームをつくってきました。
ここではみなさんが自分だけのゲームを
作っていくのに役立つ、テクニックや知識を
たくさんしょうかいします。
ここでは新しいゲームは作りません。

もう1ランク上の Scratch テクニック

定義ブロックや変数など、上級者向けのテクニックでもっと便利にScratchをつかいこなそう。

1 定義ブロックの「引数」

定義ブロックは、オプションで「引数」を作ることができます。引数とは定義ブロックの中で使うことのできる変数です。実際にどうやって使うのかを試してみましょう。

1 「作ったブロック」カテゴリーの中から「ブロックを作る」ボタンを押します。

> 📝 「作ったブロック」カテゴリーはオンラインのScratchでは「定義ブロック」と表示されます。今後オフラインのScratchでもこのように表示されるかもしれません。

2 「新しいブロック」ダイアログが表示されます。いろいろなブロックが表示されます
「引数を追加（数値またはテキスト）」ボタンを押してみましょう❶。
ブロックに「number or text」と書かれた引数が作られます❷。

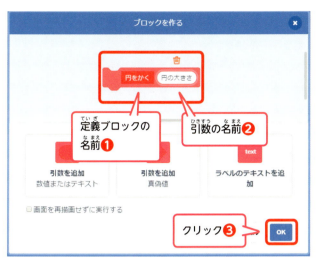

3 定義ブロックの名前と、引数の名前をつけてあげましょう。ここでは<円をかく>❶、<円の大きさ>❷と入力します。
名前をつけたら、「OK」ボタンをクリックします❸。

4 引数つきの、「円をかく」定義ブロックができました。
この定義ブロックに、28ページでやった円をかくプログラムを追加してみましょう。

5 円をかくプログラムができたら、「円をかく」のブロックをクリックしてみましょう。

数字が入れられますが、どんな数字を入れても、円の大きさは変わりません。これは定義ブロックのなかで、引数をつかっていないので、中の数字がプログラムに反映されないためです。

6 引数は、ドラッグして変数のように組み合わせられます。
（円の大きさ）の引数ブロックを持ち上げて「○歩動かす」のブロックに組み合わせてみましょう❶。こうすることでブロックの引数によって円の大きさが変わります。

円の大きさ部分をドラッグ❶

7 左のように、円のラインがわかるように「ペン」を使って書きます。「円をかく（10）」と「円をかく（20）」で円の大きさが変わるようになりました。

🖊 ペンは拡張機能から追加します。

コラム

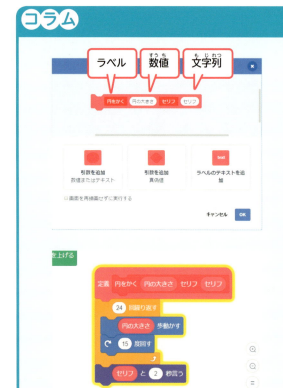

定義ブロックを作るときには、数値や文字列など、いくつもの引数を使うこともできます。
真偽値は拡張機能の調べるブロックや演算ブロックなど＜＞の形のブロックを引数に使うことができます。
それぞれの引数の前に、ラベルをつけておくと、使うときにどの引数にどの値を入れるのかがわかりやすくなります。
例えば左のようにすると、円を描いた後に好きなセリフをしゃべらせることができますね。

2 定義ブロックの「再描画しない」オプション

定義ブロックには「再描画せずに実行」というオプションがあります。前ページの円を描く定義ブロックを編集して、試してみましょう。

1 定義ブロックを「右クリック」して❶「編集」をクリックします❷。

2 ブロックを作るダイアログボックスが表示されます。「オプション」をクリックしてひらき「画面を再描画せずに実行する」をクリックしてチェックを入れて❶、OKをクリックしましょう❷。

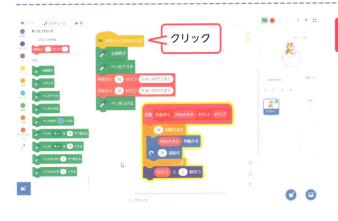

3 チェックを入れたら、🚩をクリックして動かしてみましょう。
再描画ありのときは、ネコがくるりと回りながら円を描いていましたが、再描画をしないと、ネコが動かずに円だけがあらわれます。
再描画しないと、定義ブロック内のプログラムが終わるまでは、ステージの絵が変わらないようにプログラムできます。

🏷️ たとえば、お宝ホルダーのパネルを並べるプログラムを定義ブロックにまとめて再描画しないで実行するとパネルを並べる動きは見えなくなり、いっしゅんですべてのクローンが画面に現れるようになります。

定義ブロックをつかった「再帰プログラム」

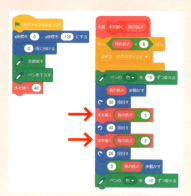

定義ブロックの中に、さらに定義ブロックを入れることもできます。左のプログラムは、「木を描く」プログラムの中に「木を描く」プログラムが入っていますね。このように、自分を呼び出しつづけるプログラムのことを再帰プログラムといいます。

再帰プログラムは、コードを止める処理を入れないと、ずっと同じプログラムが動作し続けてしまうキケンな部分もありますが使いこなせれば、左のようなふくざつな模様も簡単に作れるようになります。

「https://scratch.mit.edu/projects/10000007/ Fractal Tree 作者 johnm」より実行結果を引用

コラム 描画をスピードアップ！「ターボモード」へのきりかえ

木を描くサンプルは時間がかかるのでターボモードを使ってみましょう。
「編集」→「ターボモード」をクリックすると、🚩のよこに「ターボモード」という文字が現れます。すばやく実行されます。
木を描くプログラムもあっという間にしあがります。
再描画しないオプションとはちがい、描いているところを早送りで見ることができます。

3 ローカル変数とパブリック変数

新しい変数を作るウィンドウには「すべてのスプライト用」と「このスプライトのみ」のボタンがありますね。

今までは「すべてのスプライト用」にチェックを入れて使ってきましたが「このスプライトのみ」にチェックを入れるとそのスプライトでしか使えない変数を作ることができます。

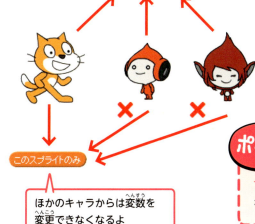

ほかのキャラからは変数を変更できなくなるよ

ポイント
すべてのスプライト用に作られた変数を**パブリック変数**といい、このスプライトでだけ使える変数を**ローカル変数（またはプライベート変数）**といいます。

「ライフ」という変数を「このスプライトのみ」で作ってみましょう。

1 ネコをクリックしてネコのスプライトを開きます。ネコに左のようにプログラムしてみましょう。
10匹のクローンネコが現れて、ネコを5回クリックしたら消えるプログラムです。

2

🚩をクリックして、動きを確認してみましょう❶。それぞれのクローンネコが5回クリックされると消えていきます❷。
パブリック変数と違いスプライトごとの変数になっていますね。

ポイント

ローカル変数なら、クローンにも変数を持たせることができる

「このスプライトのみ」で作られた変数は、そのスプライトの持ち物として、クローンされるときにも一緒にコピーされます。
つまり、ひとつローカル変数を作っておくだけで、たくさんのキャラクターに変数を持たせることができるのです。

ローカル変数は他のスプライトから値を変更することができないので、パブリック変数と使い分けましょう。

8-2 ゲームテクニック集

作りたいゲームに使えるテクニックをあつめました。
オリジナルのアイデアで色々なゲームにしてみましょう。

【アクションゲーム】キャラに重力をつける・ジャンプさせる

ジャンプと落ちるときの動き（重力）を作ります。ジャンプやダッシュができるアクションゲームを例にします。

1 まず主人公と、背景を用意しましょう。

地面に立たせるときに、色で当たり判定をします。わかりやすいように靴をはかせてあげると、作りやすいですね。

素材のダウンロード：https://scratch.mit.edu/projects/280934742/

プログラムを入力❶

2 ゲームの中の「重力」は「空中にいると落ち続ける」ということで表現できます。
左のようにプログラムします❶。

ヒント これは足が地面についていないときは空中にいるときと考えたプログラムです。靴の色が地面の色にふれているときは地上にいると設定しています。

🖍 ■色はキャラの足の色（靴の色）
　■色は地面の色をえらびます。

🖍 色は登場人物やステージによってちがうので注意しましょう。

3 ▶をクリックして、ネコをドラッグし、空中にはなします。
空中にいるとき、下に落ちつづけて、地面に着いたときに止まればOKです。

> 🏷 もし地面でも落ちつづけてしまうときは、色がきちんと選べているかを確認しましょう。

4 ジャンプ機能を左のように「定義ブロック」にします。
「10回繰り返す」でy座標をプラスすると、上に飛び上がるようになります。

5 ジャンプさせるときに、上に障害物があるかどうかを判定したいときは、左のようにプログラムします。
帽子の色と、地面の色が触れた時は、それ以上ジャンプさせないように、コードを止めます。

6 空中にいるときはジャンプできないのでジャンプのブロックを
「地面にいるときに上キーが押されたら」という条件の中に入れましょう。
ジャンプは完成です。

【アクションゲーム】キーボード操作でキャラを左右に移動させる

キーボードでキャラクターが動かせると面白いですね。

組み合わせる

1 キャラが向いている方に動くことができる「○歩動かす」のブロックを使って左のようにプログラムします。
→キーが押されたときは「90度（右向き）」にしてから進みます。
←キーが押されたときは「-90度（左向き）」にしてから進みます。
こうプログラムすれば、x座標を使わずにカンタンに移動させられます。

2 このままだと、カベを突き抜けてしまうのでカベに当たったら、後ろにもどるようプログラムします。

✏ ここではネコのほっぺの色とカベの色を使って当たり判定をしています。

【アクションゲーム】ダメージをうける場所を作る

1 たとえば、ふむとダメージを受けてしまう溶岩（マグマ）のような場所をステージに作りたいときは、左のようにします❶。

✏ さわってはいけない場所の色を判定し、そこにさわったらどうなるかを決めています。ステージのはじめの位置に戻る・ゲームオーバーにする・ライフが1つ減る……などいろんなアイデアで試してみましょう。

これだけで、クルクルまわる火の玉バーが完成!

2 同じ色で、例えば火の玉のようなキャラクターを追加すれば、ネコのプログラムはそのままで、ダメージを受ける場所を増やすことができます。

🖍 火の玉はスプライトを追加してください。

【アクションゲーム】敵を追加する

アクションゲームといえば敵ですね。

追加 ❶
組み合わせる ❷

1 敵キャラクターを追加しましょう❶。追加したら、その敵に合わせた動きをプログラムします❷。
左のようにすると、カベやステージの端ではね返りながら、飛び続ける敵になりました。

2 敵をふんだときに、やっつけられるようにします。上からふまれたときに当たる羽の色と、ネコの靴の色を「ふまれた時」の判定にしてやっつけたときの演出をプログラムします。

🖍 色はキャラクターごとにちがうので注意しましょう。

3 主人公が、敵に当たったときのというプログラムも追加しましょう。ネコのほっぺ（白色）が敵の灰色に触れたときに初めの位置に戻します。ゲームオーバーということです。

【アクションゲーム】ステージを追加する

ここまではステージが1つだけのゲームでしたが、自分でステージを作ってみましょう。

1. ステージの背景をたくさん用意します。最後まで進んだら、ステージクリアになるように、クリアの背景も用意しましょう。

   ✏️ 素材から用意しましょう。

2. ステージをあらわし、切り替えなどに使う「ステージ番号」を入れておくための変数を用意します。
   🚩がクリックされたら、変数をリセットしたりネコの出てくる場所をきめましょう。

   ✏️ ゲーム中はずっと、背景とステージ番号が連動するようにしましょう。

3. キャラクターがステージの右端についたら、ステージが切り替わるようにしましょう。
   ステージ番号をプラスします。
   ステージが切り替わったら、ネコを始めの位置にもどしてあげましょう。

   ✏️ ステージの右端はx＝240の座標です。

4 背景が「ステージクリア」になったときは、それ以上背景が変わらないようにしておきましょう。
背景の名前で判定するときは、背景の名前がきちんと合っているか確認しましょう。

組み合わせる

🖊 全角・半角などもチェックしましょう。

【シューティングゲーム】自機を上下左右に移動させよう

重力に関係なく、ステージを自由に動けるキャラクターを作ってみましょう。戦闘機が敵を倒すシューティングゲームを例にします。

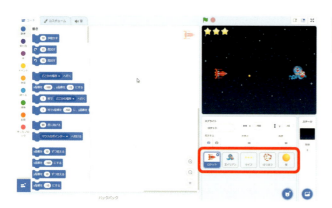

1 シューティングに使うキャラクターを用意します。自機・敵・弾など、必要なキャラを追加していきましょう。

素材のダウンロード：
https://scratch.mit.edu/projects/280935425/

🖊 自機とは自分が動かす戦闘機（宇宙飛行機）のことです。

2 自機の出てくる場所や角度などを設定します。

設定する

3 上下に動かすにはy座標を変えます。
上キーが押されたらy座標をプラス、下キーが押されたらy座標をマイナスします。

💡 値が大きいほど、速く動けるようになります。

4 左右の動きはx座標を変えます。
右キーが押されたらx座標をプラス、左キーが押されたらx座標をマイナスになるようにプログラムしましょう。

【シューティングゲーム】弾を発射しよう

弾を発射できるようにします。

1 弾をプログラムします❶❷。
はじめは弾を隠しておき、キーが押されたらクローンをつくります。

2 クローンされたら、弾が飛んでいくようにします。

弾は自機から発射されるので、「○○へ行く」のブロックで自機へ移動させます。そこから端に触れるまで、「○歩動かす」を使って弾を動かしましょう❶❷。

3 ▶を押してプレイします❶。スペースキーが押されている❷間は、つぎつぎとクローンが作られます。ずーっと打っている状態（連射している状態）になります。

コラム 連射しない

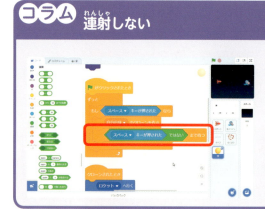

連射しないようにするにはクローンを作ったあとに「○秒まつ」などのブロックを入れるか、左のようにキーが離されるまで次のクローンが作られないように待つプログラムを入れてあげると、連射できないようになります。

4 このクローンは「○歩動かす」のブロックで動いているので、角度を変えてあげれば、ナナメに発射することができます。

たとえば左のようにプログラムすると、3方向に弾が発射できるようになりますね。

【シューティングゲーム】敵を登場させよう

シューティングゲームの敵を作成します。

1 敵のキャラクターを用意して❶、ゲームが始まったときにどこから出すかを決めます❷。

2 敵が左向きに敵が進むようにするにはx座標をマイナスにします。ステージの一番左の座標が-240なので、-240より小さくなったとき（ステージの外にでたら）隠すようにします。

3 まっすぐではなく、ジグザグに進ませたい時は、タテ方向に動くプログラムを追加してあげましょう。

【シューティングゲーム】敵をクローンでたくさん登場させよう

シューティングゲームの敵は一機では面白くありませんね。たくさんの敵を作成します。

1 まず、敵キャラクター本体は隠しておきましょう。
敵は右側から出てくるので、x座標をそこにセットします。

前ページでは「表示」にしていたけれど、クローンを作る時は隠しておく

2 敵が出てくるタテ方向の座標を決めます。出てくる場所がきまったらクローンを作ります❶。
クローンされたら表示しましょう❷。

組み合わせる❷

組み合わせる❶

3 このままだと敵は、右端に表示されたまま止まってしまうので、左に進むプログラムを追加しましょう。x座標をマイナスにして、左方向へ動かします。画面の端についたら敵を消します。

組み合わせる

🖉 クローンなので、ステージから消したいときは「隠す」ブロックではなく「クローンを削除する」のブロックを使いましょう。

【シューティングゲーム】敵を弾でやっつけよう

1 敵のキャラクターに弾が当たったときにクローンを削除するようにプログラムを追加します。

> **ポイント**
> クローンを使っていないときは下のようになります。

2 弾が敵に当たったら消えるようにプログラムしましょう❶❷。

> **ポイント** クローンを削除するまえに「0秒待つ」を入れるのはどうして？
>
> 弾のプログラムと敵のプログラムで、どちらも「クローンを削除する」プログラムが入っていますね。このとき、どちらのプログラムが先に実行されるかは予測できません。敵のクローンが削除されるプログラムが先に実行されたときは、弾の当たり判定が行われないことになり、弾が貫通してしまうことが、たまにおこります。
> この現象をさけるために「0秒待つ」のブロックを使います。このブロックを使うと次に描画されるまで待つようになります。難しい言葉でV-SYNC(垂直同期)といいます。
> 0秒は、人間の目からは待っていないように見えますが、コンピュータ上ではほんのわずかな時間だけ待っている状態になり、両方のスプライトの当たり判定（当たったかどうかの確認）が実行されるようになります。

【シューティングゲーム】敵をばくはつさせよう

1 敵キャラクターに「ばくはつのx座標・y座標」という2つの変数を作り、敵をやっつけたときのプログラムに追加しましょう。座標を入れて、ばくはつのクローンを作ります。

2 ばくはつのプログラムをしましょう❶❷。
クローンを使うので、ゲームが始まったときは隠しておきます。
ばくはつの大きさも、好きな大ききさに変えておきましょう。

3 x座標とy座標が、ばくはつした場所になるように、変数をセットします。敵より手前に表示したいので「最前面へ移動する」を入れておきましょう。準備ができたら表示します。

4 ばくはつのアニメーションをさせましょう。
ばくはつのアニメーションが終わったらクローンを削除しておきましょう。
これで敵キャラクターがばくはつして消えます。

コラム　プレイヤーに文字を入力してもらう

プレイヤーに文字を入力してもらいましょう。クイズゲームのような形式で試してみます。

調べるブロックの ![What's your name? と聞いて待つ] の ブロックを使うと、左のようにステージの下に、プレイヤーが文字を入力できるテキストボックスを表示させることができます。

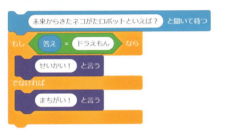

プレイヤーがテキストボックスに入力した文字は、調べるブロックの「答え」変数に入っています。左のように、「答え」変数の中身をチェックすれば、クイズゲームがすぐに作れますね。

「答え」変数は、新しい質問をすると上書きされてしまうので、答えの内容をゲームに使いたいときは、左のように変数に保存しておきましょう。

音量であそぼう

モンスタークリッカーで「音量＞10のとき」のブロックを紹介しましたが、調べるブロックから音量を使うこともできます。

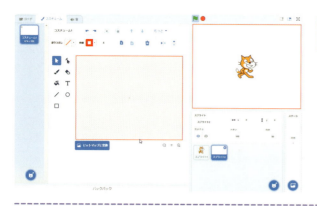

1 使い方は色々ありますが、どれくらいの音量なのかがすぐにわかるようにしてみましょう。
新しいスプライトをひとつ作り、四角ツールでステージいっぱいに四角を作りましょう。

2 四角のスプライトに左のようにプログラムしてみましょう。
「大きさを○○％にする」と「音量」ブロックを組み合わせることで、大きさが音量に連動するようになりました。

3 ▶をクリックして、マイクにむかって声をだしてみましょう❶。
すると声のボリュームにあわせて、四角が大きくなります❷。

🖊 パソコンにマイクが用意されていて、有効になっている必要があります。

4 ネコを少しアレンジするだけで、ゲームに早変わりします。
ひとりがネコを操作して、もうひとりが声で枠をあやつってネコを攻撃。ネコが何秒逃げまわれるかをきそうゲームです。

🖊 サンプルを https://scratch.mit.edu/projects/280935704/ から確認できます。

ビデオで遊ぼう

さいきんのノートパソコンにはビデオカメラがついているものが多くあります。ビデオカメラもゲームに使ってみましょう。

拡張機能の中からビデオモーションセンサーを使うと、ビデオの映像がどのくらい動いたかを調べることができます。
どんなふうに使うのか、試してみましょう。
「音楽」と「ビデオモーションセンサー」を追加しておきます。

1 ド・レ・ミ・ファ・ソの5つのスプライトを用意します。

🖍 文字はなくてもOK

サンプル素材：
https://scratch.mit.edu/projects/280935820/

そして、ビデオのブロックを組み合わせて左のようにプログラムしてみましょう。

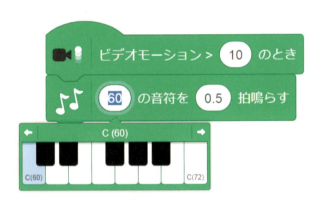

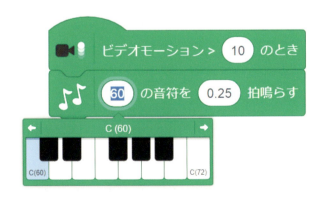

2 ド・レ・ミ・ファ・ソのすべてのスプライトに同じプログラムをしますが、音符だけはかわるようにしておきましょう。
ドのスプライトは60の音符
レなら62の音符…というように、鍵盤を確認しながら音を変えていきましょう。

3 ▶をクリックして、手をふってみましょう。

スプライトに手が触れると、その音が鳴るようになりました。

もし、ステージになにも映らない時は [ビデオを 入 にする] を使ってビデオを ON にしてみましょう。

パソコン側でカメラが使えるようになっている必要があります。

キャラクターをドラッグできるようにする

ゲームのキャラクターは、ゲームを作っている画面では自由にドラッグできますが、大きい画面（発表モード）にしたときや、オンライン Scratch に公開したときには、ドラッグできなくなってしまいます。

ゲーム中でもプレイヤーが自由にキャラをドラッグできるようにしてみましょう。

1 「しらべる」カテゴリの「ドラッグできるようにする」ブロックをクリックします。

これで、ゲーム中にプレイヤーがキャラをドラッグできるようになりました。

2 キャラクターをドラッグ中はほかのキャラクターとの当たり判定に反応しないので、「すごろく」のようなゲームをつくることもできますね。

🖊 サンプルは https://scratch.mit.edu/projects/114474370/

ステージをスクロールする

用意する

1 Scratch のステージにある「背景」をスクロールすることはできません。かわりに「スプライト」にステージ背景を用意しましょう。コスチュームにステージの長さぶんだけの画像を作ります。

🖊 サンプルは https://scratch.mit.edu/projects/280937399/

ここに2枚目のコスチュームがでてきてほしい

2 ステージが右から左にながれるように、左のようにプログラムしてみましょう。
これを実行すると、2枚目以降のコスチュームが表示されずに、1枚だけステージがスクロールして終わる状態になります。

3 クローンを作って、2枚目のコスチュームが表示されるようにしてみましょう。
クローンにも、右から左に流れるプログラムを追加して、🏁をクリックしてみます。
こんどは、2枚目も続いて表示されるようになります。

2枚目のコスチュームが表示された

4 クローンがステージの中央（x = 0）にきたら次のクローンを作るようにしてみましょう。
これで、コスチュームが次々に表示されるようになりました。
ステージクリア後も、コスチュームの初めからまたクローンされてしまいますね。

5 最後のコスチュームになったらクローンを作らないようにしておきましょう❶。
最後のコスチュームは、画面の中央まできたら止めるようにプログラムして❷、完成です。

組み合わせる❶

組み合わせる❷

スライダーを使ってみよう

変数には、大きな表示のほかに「スライダー」というオプションを使うことができます。どのように使うのか試してみましょう。

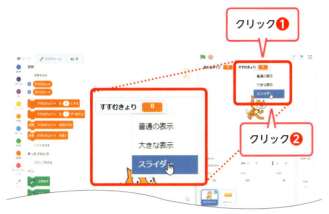

1 「すすむきょり」「まわるかくど」のふたつの変数を用意します。
ステージに表示された変数を右クリック❶し「スライダー」を選びましょう❷。

2 変数の下にスライダーが現れました。スライダーのまるい部分をドラッグすると変数の中身を変えることができます。

3 左のようにプログラムしてみましょう。
🏁 を押してみると、はじめは何も起こりませんが、スライダーで変数の値を変えてみるとネコが動き始めます。
スライダーの値が動きと連動していることがわかりますね。

> 🖉 サンプルは https://scratch.mit.edu/projects/280937917/ です。

自分で作ったゲームを公開しよう

Scratch公式サイトのアカウントをもっていれば、オフラインエディターで作ったゲームを公開することができます。

1 Scratch公式サイトのアカウントを持っていない人は、まずアカウントを作りましょう。

https://scratch.mit.edu/

にアクセスし、「Scratchに参加しよう」のメニューを選びます。

2 「Scratchに参加しよう」というウィンドウがあらわれます。

Scratchのサイトで使いたいユーザー名とパスワードを「半角英数」で入力しましょう。
入力したら、右下の「次へ」のボタンをクリックします。

🖊 ユーザー名に本名フルネームはつかわないようにしましょう。

3 誕生日・性別・国を入力します。
誕生日は「Month（生まれた月）」「Year（生まれた年）」の順番でいれます。
性別のどちらかの○ボタンを押すか、最後のところをクリックして自由に記入します。
国は「Japan（日本）」をえらびましょう。
全部入力しおわったら「次へ」のボタンをクリックします。

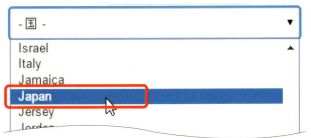

✏️ ▼ボタンがある項目は、クリックするとこのように、メニューがあらわれます。自分にあったものを選びましょう。

4 メールアドレスを入力します。確認のため、おなじメールアドレスを2回入力しましょう。
入力できたら「次へ」のボタンをクリックします。

これで登録は完了です。
「さあ、はじめよう！」のボタンで、Scratchのサイトにもどります。
サイトに戻ると、ログインされますが、作品を共有するためにはメールを確認しなければいけません。

5 メールを受信して確認してみましょう。（メールが届くまで少し時間がかかることがあります。）アカウントの登録を完了するためのアドレスが、「メールアドレスを認証してください。：」とかかれている下のリンクです。

アドレスをクリックすると、登録完了画面が開きます。

ヒント

開かないときは、アドレスが長くて改行されていることもあるので、アドレスの部分をマウスでドラッグしてコピーし、ブラウザのアドレスバーにコピーしてアクセスしてみましょう。

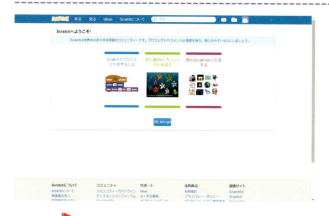

6 メールアドレスにかかれているアドレスにアクセスすると、左のような画面がひらきます。
これで、ユーザー登録は完了です。

おうちの人と読んでね

Scratchのユーザー登録は子ども一人では難しいので、おうちの方が進めてください。
インターネットサービスへの登録などは親子でよく話し合って進めましょう。

アップロードして共有してみよう

ユーザー登録をすると、オンラインスクラッチに作品をアップロードして共有できるようになります。

1 ログインしたままで、スクラッチサイトの上メニューにある、「作る」をクリックしましょう。

2 オンラインエディタがひらきます。
「ファイル」をクリックして❶「コンピューターから読み込む」を選びます❷。

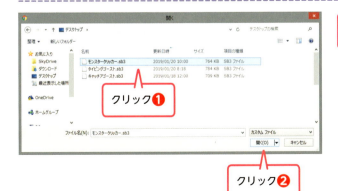

3 オフラインエディタで作ったプロジェクトのなかから、アップロードしたいファイルを選びましょう❶❷。

4 オンラインエディタにアップロードされました。
名前を付けて、「共有する」をクリックします。
（「共有する」のボタンを押すまでは非公開で保存されます）

5 共有するボタンを押すとプロジェクトページに移動します。
これで、インターネットを使って世界中からあなたのプロジェクトが見られるようになりました。
「使い方」のところに、プロジェクトの操作方法を入力したり、他の人の素材をつかったときには「メモとクレジット」のところに、その情報をかきましょう。

6 スクラッチのサイトの右上にあるフォルダのアイコンをクリックすると、オンラインに保存されている自分のプロジェクトの一覧を見ることができます。
公開をやめたいときは、「共有しない」をクリックすると非公開になります。

8-3 ゲームレシピをダウンロードしよう

インターネットからレシピをダウンロードして、新しいゲーム作りにチャレンジしてみよう

1 レシピをダウンロードしよう

難しいゲームとゲーム作りのヒントをのせたレシピを用意しました。ダウンロードしてさらなるゲーム作りに挑戦してみてください。

1 ブラウザのアドレスバーに
https://gihyo.jp/book/2019/978-4-7741-9816-3/support
と入力してアクセスします。
サンプルのページが開きます。ゲームレシピを保存します。

2 入手したいレシピ（ゲームの説明）のリンクを右クリックして、ファイルを保存するものをクリックします。

3 保存したレシピは、PDFです。ダブルクリックすると開いてパソコンで見ることができます。

📝 adobe reader などの PDF をみるソフトが必要です。

■スクラッチのファイルをダウンロードしよう

4 作りたいゲームの作業用のリンクをクリックしましょう。

5 ゲームのプロジェクトページが開きます。
4-1と同じ方法で、プロジェクトをダウンロードしましょう。

🖊 遊びたいときは完成版をクリックしてください。

2 お菓子をたべてお腹いっぱいに！「まんぷくネズミ」

マウスについてくるネズミを操作して、ネコに捕まらないようにお菓子を食べつくそう！
3章から5章までに紹介したプログラムで作れるので、レシピを見ずに自分でいちからプログラムすることにチャレンジしてみるのもいいかもしれませんね。

🖊 このゲームは、「freepik.com」のコンテンツを使用しています。
http://jp.freepik.com/free-vector/sweet-bakery-background_884449.htm

3 地球防衛スペースアクション「プラネットディフェンス」

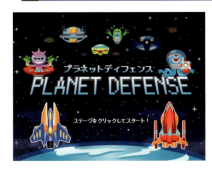

地球に攻めてくるエイリアンを、ロケットで撃退しよう！キー入力でロケットを操作したり、ライフをつけたり、ステージごとにむずかしさをかえたりゲーム作りの基本がつまったレシピです。

プラネットディフェンスは、キャラクターを変えるだけで、まったくイメージのちがうゲームにアレンジすることもできます。
他のゲームも、アイデア次第でいろんなゲームに変身させることができます。レシピを応用してチャレンジしてみて下さいね。

Designed by Freepik
http://jp.freepik.com/free-vector/slices-of-pizza_800504.htm

コラム　スマートフォンやタブレットでScratch

scratch.mit.edu にスマートフォンやタブレットからアクセスすると操作できます。パソコンを持っていない人はここからチャレンジしてみてもいいかもしれません。
ただし、キーボードがなくて動かせなかったり、画面が小さくて思うように操作できなかったりすることもあります。そのため、この本ではパソコンでのScratchの利用をおすすめします。

コラム 著作権について

まんぷくネズミには、「freepik.com」というWebサイトのコンテンツが使われています。Scratchは色々な素材を使うことができますが、自分で作ったものではないイラストやプログラムを使うときは、著作権について気をつけなくてはいけません。

著作権とは、カンタンに言えば自分で作ったものの権利は自分にある、つまり人の作ったものを自分で作ったかのように発表したり、勝手に使ってはいけないということです。たとえばfreepik.comの素材を使いたい時は、わかりやすい所に「これはfreepik.comが作ったものですよ」と表記しなければいけない決まりがあります。（著作権表記といいます）素材を扱っているサイトなら「利用規約」や「クリエイティブ・コモンズ」という形で使い方が書かれています。著作権表記すれば素材を自由に使ってもいいサイトは沢山ありますので、インターネットで探してみましょう。

Scratchのプロジェクトの著作権について

プログラムにも、もちろん著作権があります。ScratchのWebサイトでは、プロジェクトは「CC BY-SA 2.0」で公開されます。「もとのプロジェクトは誰が作ったのか」「変更がある場合はどこを変更したのか」を表記すれば、だれでも自由にリミックスすることができます。オンライン版Scratchなら「リミックス」ボタンを押してリミックスすれば、公開するときに自動でリミックス元のプロジェクトを表示してくれます。

CC BY-SA 2.0（英語）
https://creativecommons.org/licenses/by-sa/2.0/legalcode

CC BY-SA 2.0をかんたんにまとめた日本語訳
https://creativecommons.org/licenses/by-sa/2.0/jp/

9章

プログラミングが成功しない時はこうしよう

ゲームづくりは楽しいけど
思ったとおりに動かなかったり、
やりたいことができなかったり
むずかしいところもたくさんあります。
ここでは思ったとおりに動かなかったときに、
みなさんができることを書きました。

似ているブロックに気をつけよう

ブロックのちがいを見きわめて、どのブロックを使えばいいのかたしかめよう

1 キャラが動かない？「座標を○にする」ブロック

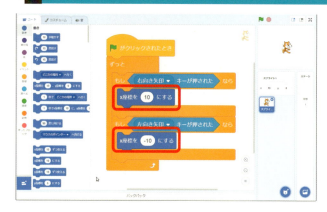

キャラクターをキー入力で動かしたいんだけど、キーを押しつづけても進んでくれない。
そんなときは、キャラを動かすためのブロックを確認してみましょう。

「座標を○ずつ変える」のブロックと「座標を○にする」のブロックはよく似ているので間違いやすいブロックです。
「○にする」のブロックは、「今いる場所とは関係なく、どこに移動するか」を命令するブロックです。こちらは、ゲームをリセットするときや、キャラクターが新しく登場するときなどによく使われるブロックです。

「○ずつ変える」ブロックは「今いる場所からどれだけ動かすか」命令するブロック。移動の時によく使われます。
どちらのブロックを使えばいいのかかくにんして使うようにしましょう。

2 繰り返し回数がおかしい？「○回繰り返す」ブロック

円を描くプログラムをアレンジして、「色を変えながら円を描くプログラム」に変更しようとします。

このとき、計算間違いできちんと円にならないことがあります。

計算は、人間よりもコンピューターのほうが得意なので、コンピューターに任せてしまうのもひとつの方法です。

左のように「8色つかった円が描きたい」場合、まず円（360°）を8つに割り、1回につき15度回すときの計算をしてもらいましょう。ブロックをクリックすると計算結果が分かります。

演算ブロックは、「○回繰り返す」のブロックに組み込んで使えます。

あとで分からなくなってしまった時のために「ブロックを右クリック」して「コメントを追加」を選ぶと、メモを残しておくこともできます。

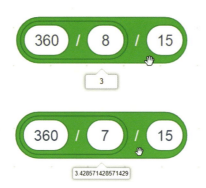

「○回繰り返す」のブロックに演算ブロックを入れるときには、小数点に注意しましょう。
計算結果が小数点になってしまう演算ブロックを「○回繰り返す」のブロックに入れると四捨五入されて使われてしまいます。

繰り返し回数を変えずに、中のブロックを変えてしまうことで解決できることもあります。
「向き」や「座標」はかなり細かい小数点まで取り扱ってくれるので、工夫次第で様々な組み方ができますね。

3 「<>まで繰り返す」と似ているブロック

左のプログラムで、「1秒に1回、HPが10ずつ減っていきHPが0になったらおわる」ようにしたいのですがゲームが始まったとたん「やられた」と言って終わってしまいました。
どこがおかしいのでしょうか？

原因は繰り返しのミスです。この「○回繰り返す」と「<>まで繰り返す」のブロックも、似ているので間違いやすいブロックのひとつです。

ＨＰが100のとき、左の演算ブロックをクリックすると「false」と表示されます。
演算ブロックの＜＞の形のブロックはこの式が正しければ「true」式が間違っていれば「false」という値になります。

「まで繰り返す」と組み合わせると、ブロックの値が「true」になるまで繰り返すという意味になります。

「回繰り返す」と組み合わせるとどうなるでしょう？
true と false も数字として扱われ「true は 1」「false は 0」となります。
演算ブロックが false のときは「0 回」となります。繰り返しブロックの中は通りません。

「まで繰り返す」のブロックになおすと、きちんと動くようになりましたね。
このブロックは間違っていても見つけづらいので、組むときに間違わないようによく気をつけましょう。

9-2 ゲームが止まっちゃうのはどうして？

ゲームが止まっているからどこがおかしいのかわからない！そんなときはここをチェックしよう

1 コンピューターの処理が速すぎてみえないのかも

たとえば、左のようなプログラムで右に10歩ずつ、左に-10歩ずつ動いてもらおうとしましたが、🏁を押してもネコは全く動きませんね。
これは、ネコが進んだことをステージに描画（表示）するまえに、コンピューターが「10歩動かす」と「-10歩動かす」の処理を全部すませてしまっているからです。

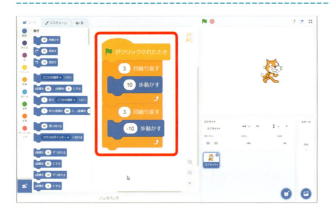

キャラクターの動きをステージに描画するには「○回繰り返す」や「ずっと」などの繰り返しブロックを使います。

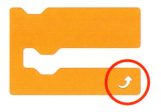

↪マークのところまでくると、ステージに描画され、ネコが動いたところが目で見てわかるようになります。

ここで結果が描画される。

たとえば、左のように「→キーが押されたなら」を2回間違えて使ってしまった場合「x座標を10ずつ変える」と「x座標を-10ずつ変える」のどちらのプログラムも動いてしまいますが、繰り返しブロックの途中なのでまだ描画されません。

繰り返しブロックの終わりの🔄マークまでくると、「x座標 10-10 = 0」という結果が描画されます。0なのでキャラクターが動かないということになります。

2 メッセージを受け取っていないのかも

「ゲームが止まってしまう！」によくみられるのが「ずっと」忘れです。

たとえばキー入力でキャラを動かしたいときキー入力があったかどうかのメッセージを「もし」をつかって調べますね。

このとき、左のようにしてしまうとゲームが始まった瞬間だけ、コンピューターがキー入力をチェックして終わってしまいます。

「もし」で調べたいことがある時はブロックを使って、「ずっと」などのキー入力のメッセージを受け取れるようにしておきましょう。

3 コンピューターの仕事が多すぎるのかも

コードやコスチュームが多くなるほど、処理が多くなり動きが、おそくなります。コンピューターの仕事量が多すぎると、動作がおそくなったり、固まってしまうこともあります。
コンピューターが特に苦手なのは、絵を表示することです。
クローンを10個作るだけの簡単なプログラムでも、使用するパソコンによってはとても動作が遅くなる要素がいくつか入ってしまうことがあります。

■ **コスチュームの大きさと量**
写真のような複雑で大きな画像をたくさん使うとき、コンピューターの動作は遅くなります。

■ **クローン**
クローンするものにもよりますが、膨大なコードがあったり、たくさんコスチュームがあるときには、「クローンする瞬間」にコンピューターの動作が遅くなります。
使い終わったクローンを削除せずにほうっておいた場合も遅くなります。

■ **動き**
大きな画像をいくつも動かそうとすると、おそくなることがあります。
ひとつだけ使うときは大丈夫ですが、「大きな写真」を「クローン」しながら「すばやく動かす」など、コンピューターの仕事が増えると動作は遅くなります。

9-3 動かない原因を探してみよう

コード全部をチェックするのは大変！
ポイントをしぼって確認してみよう。

1 細かいパーツに分解してみよう

ゲームの動きがおかしくなった時には、まず「どのスプライトが」おかしくなるかを調べましょう。
おかしくなったスプライトを調べれば、手掛かりがつかめるかもしれません。

たとえば、「ロケットの動きがおかしい」ならそのスプライトが「どんなときにおかしいか」をチェックしましょう。
「ロケットが移動するときにおかしい」ということがわかったら、移動のプログラムを確認します。

どこまでが正しく動いていて、どこからが間違っているかを確認するために、プログラムを分解します。
ここでは、まず上下の動きを確認するために左右の入力プログラムをはずしました。

上下のキーを押して正しく動くことが確認できたら、つぎは取り外したプログラムのほうをチェックしてみましょう。
左右キーを押すとy座標（タテ方向）の座標が変わるようにプログラムされています。これがおかしい動きの原因ですね。
このように、ここまではきちんと動くという確認をしながら、細かいパーツをチェックしていきましょう。

2 条件が正しいか確認してみよう

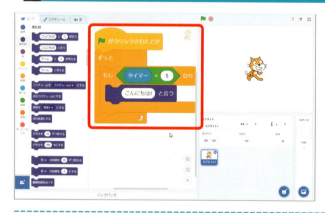

■変化する値をチェック
左は一見正しいプログラムに見えますが動いたり、動かなかったりするバグがあります。
これは条件のなかにある「タイマー」が常に変化している値だからです。

判定の時にピッタリ5秒とはかぎらない

タイマーは小数点で表されるので、はんていのしゅん間に、タイマーがピッタリ「5.0」でなければ条件に合わなくなってしまうのです。

タイマー・変数・座標など、変化するものを条件にしたいときは

　□＜□

などのブロックを使って工夫してみましょう。

246

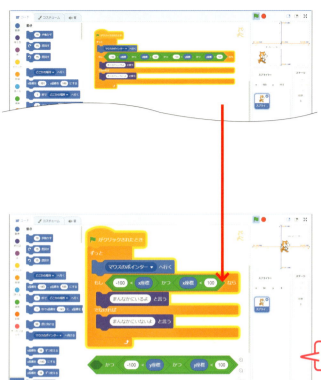

■ながい条件や座標をチェック

「かつ」ブロックは条件を一つにまとめられる便利なブロックですが、長くなるとチェックも大変になります。
細かいパーツで正しく動くことを確認してから「かつ」ブロックでまとめるようにしましょう。

とくに「<」のブロックと「座標」の組み合わせはとても間違いやすい組み合わせなのでひとつずつ確認するようにしましょう。

> 取り外してひとつずつチェック

■コスチュームの中心点をチェック

左のプログラムは、キーを押すとネコから弾が発射されるしくみですが、キーを押しても動きません。
これはネコの座標と、弾の座標が関係しています。

弾の中心点をみてみましょう。
ネコの座標に移動したときは、ネコの中心点と弾の中心点が同じになります。
でも弾のコスチュームはステージの左はしに当たってしまっているので、すぐに消えてしまうのです。

> 端にあたっている

247

コスチューム編集画面の中央にある⊕マークが、コスチュームの中心点です。選択ツールを使って、画像を選択し、右側にドラッグしてみましょう。弾の左側が座標の中心点になります。

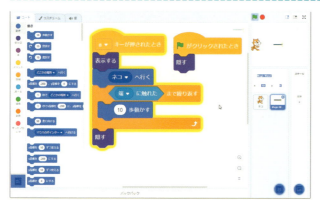

これで、ネコの座標に移動したあとも、ステージの左端に触れなくなり、弾が発射されるようになりました。
「端に触れた」のブロックは、ステージのどの方向の端でも反応してしまうので、条件にするときは注意が必要です。

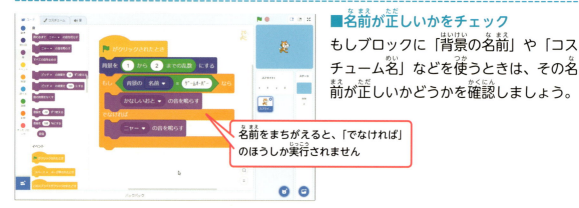

■ 名前が正しいかをチェック

もしブロックに「背景の名前」や「コスチューム名」などを使うときは、その名前が正しいかどうかを確認しましょう。

名前をまちがえると、「でなければ」のほうしか実行されません

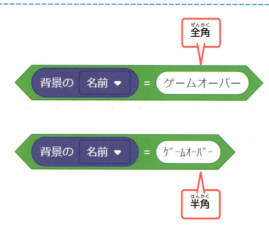

数字やカタカナの「半角・全角」は特にまちがいやすいので注意しましょう。

変数の中身によって送るメッセージが変わる

対応した受取側のメッセージがないと動かないよ

メッセージを送るブロックにも、変数などを組み合わせることができますが、「メッセージを受け取ったとき」の名前と同じでないとメッセージは受け取れませんので、名前が正しいかどうかを確認しましょう。

3 プログラムの流れをリストに表示してみよう

■目で確認できないものをチェック

プログラムは高速で動いているので、変数やタイマーなど、変化し続けている値をチェックするのは難しいですね。

そんなときはデバッグ（バグ発見）用のリストを使ってみましょう。
タイマーの値をリストに入れてみましょう。旗をクリックしてから5秒経過後にストップボタンを押して止めてみましょう。
リストの中に、タイマーの値がどのように変化しているかが入りましたね。

タイマーがピッタリ5.00になっていない

リストの中を確認すると、タイマーが「5.0」ピッタリになっていないことがわかり、「タイマー＝5なら」の条件に当てはまらないことが確認できました。

同じように、音量やモーションの値など目で確認するのが難しいものも、リストに入れてしまえば、確認しやすいですね。

 デバッグ

バグ（プログラムの不具合）を発見することをデバッグといいます。
メッセージをたくさん使うふくざつなコードや、長いコードでは不具合がでやすくなります。そういったときに、プログラムを見直して問題をかいけつするのです。
バグはプログラムのプロでも起こしてしまうものです。そのため、皆さんの書いたプログラムにバグがあって動かなくてもしかたのないことだと思ってください。まちがえたと落ち込まず、バグが起きてもあきらめずにチャレンジしてください。

9-4 お手本と比べて確認しよう

どうしてもデバッグ（バグさがし）できないときはもういちどお手本と見比べてみよう

原因がどうしてもわからないときはもういちどお手本と見比べて確認してみましょう。
確認するときは、「似ているブロック」と間違えていないか、抜けているブロックがないかをよーく見て、細かいパーツごとに動きをチェックするようにしましょう。

> レシピのゲームは、「ゲームの基本となるプログラム」に「アレンジ要素」を追加してできています。

ゲームの基本部分ができたら動きをチェックして、そこからアレンジしたら、また動きチェックというように、こまめに確認していくようにすれば、「ここまではバッチリできている」という自信が持てます。どの部分でつまづいているのかがわかりやすくなります。

デバッグはかなり根気のいる作業です。どうしても見つからない時は、ちょっと休憩してみたり、お友達やおとなの人など、違う人の目で見てもらうと、発見できるかもしれませんね。

1 同じプログラムがないかかくにんしよう

時間がたってからプログラムの続きを作ったり、お手本の画像だけをみてプログラムすると、同じプログラムをふたつ作ってしまうことがあります。

たとえば、モンスタークリッカーの、クリック回数がふえるというプログラムをしたところ
クリックするとモンスターが小さくなるスピードがはやくなってしまいました。

プログラムをよく見てみると❶のプログラムに追加するはずのプログラムを❷のように、もう1セット同じプログラムを作ってしまっています。
一部のプログラムだけをお手本と見比べても、ちがいがないので、見つけづらいバグです。

2 コメントを使って わかりやすくしよう

あとからプログラムを変更するときわかりやすいようコメントをつけてあげましょう。

1 コメントをつけたいブロックを右クリックして、「コメントを追加」をえらびます。

2 コメントを入力するためのふせんが現れます。

3 プログラムの機能ごとにコメントをつけておけば、どのプログラムがどの仕事をしているのかがわかりやすくなります。
コメントはプログラムの動きにはえいきょうしません。

🏰 おうちの人と読んでね

本書で紹介しているプログラムは、複雑なものも多くあります。ゼロから作ることにこだわると、うまくいかずに投げ出したくなってしまうこともあるかもしれません。最初は既存のゲームを遊びながら動きを確認したり、プログラムを一部だけ変更して動作の違いを楽しんだりしてもいいでしょう。

索引

Scratch	13, 22
アクション	209
アニメーション	32
イベント	78
大きさ	50
オンライン版 Scratch	20
音量	221
回転	26
画像	135
カテゴリ	23
画面	22
キーボード	211
くり返し	28
クローン	181
ゲームの公開	228
コードエリア	22
コスチューム	32
コピー（コードのコピー）	146
再帰	206
削除	31
ジャンプ	209
シューティング	214
重力	209
数字	29
ステージ	22
スプライト	23, 136
スプライトリスト	22
スライダー	227
設計図	46
タイピング	134
タイマー	195
著作権	236
定義ブロック	168
似ているブロック	238
背景	76
はた	51
引数	202
ビデオ	223
複製	67
プログラミング	12
プログラミング言語	12
プログラム	12
ブロックリスト	23
変数	83
まで繰り返す	106
メッセージ	114
もし	55
元に戻す	31
乱数	107
ランダム	107
連射	216

おわりに

「これから何を作ればいいのかわからない」「どうやってアイデアをだすの？」と聞かれることがあります。

そう、「プログラミングができる」と「何かが作れる」とは別のことなのです。

あなたは今、包丁やフライパンの使い方を習ったばかりの料理人見習いようなもの。おうちの人はきっといろんな料理を見たり食べたりして研究していることでしょう。

プログラミングも同じです。いろんな作品を見て、研究してみましょう。オンラインスクラッチでは世界中の作品を見ることができますし、お家にあるゲームも参考になります。

そしてシンプルなゲームをたくさん作ってみてください。作れば作るほど、あなただけのプログラミングスタイルができあがっていくはずです。

- ●デザイン
  ISSHIKI（デジカル）
- ●組版
  ISSHIKI（デジカル）、朝日メディアインターナショナル株式会社
- ●イラスト
  青木健太郎
- ●本書サポートページ
  https://gihyo.jp/book/2019/978-4-7741-9816-3
  本書記載の情報の修正・訂正・補足については、当該 Web ページで行います。

■お問い合わせについて

本書に関するご質問については、本書に記載されている内容に関するもののみとさせていただきます。本書の内容と関係のないご質問につきましては、一切お答えできませんので、あらかじめご了承ください。また、電話でのご質問は受け付けておりませんので、FAX か書面にて下記までお送りください。

〈問い合わせ先〉
〒162-0846　東京都新宿区市谷左内町 21-13
「10 才からはじめるプログラミング Scratch でゲームをつくって楽しく学ぼう【Scratch 3 対応】」係
FAX：03-3513-6173

なお、ご質問の際には、書名と該当ページ、返信先を明記してくださいますよう、お願いいたします。
お送りいただいたご質問には、できる限り迅速にお答えできるよう努力いたしておりますが、場合によってはお答えするまでに時間がかかることがあります。また、回答の期日をご指定なさっても、ご希望にお応えできるとは限りません。あらかじめご了承くださいますよう、お願いいたします。

---

10 才からはじめるプログラミング Scratch でゲームをつくって楽しく学ぼう【Scratch 3 対応】

2019 年 4 月 4 日　初版　第 1 刷発行
2019 年 12 月 17 日　初版　第 2 刷発行

著　者　大角茂之・大角美緒
発行者　片岡　巌
発行所　株式会社技術評論社
　　　　東京都新宿区市谷左内町 21-13
　　　　TEL：03-3513-6150（販売促進部）
　　　　TEL：03-3513-6177（雑誌編集部）
印刷／製本　大日本印刷株式会社

定価はカバーに表示してあります。

本書の一部あるいは全部を著作権法の定める範囲を超え、無断で複写、複製、転載あるいはファイルを落とすことを禁じます。

©2019 大角美緒

造本には細心の注意を払っておりますが、万一、乱丁（ページの乱れ）や落丁（ページの抜け）がございましたら、小社販売促進部までお送りください。送料小社負担にてお取り替えいたします。

ISBN978-4-7741-9816-3
Printed in Japan